SUANLI GEMING DE
XINSHIDAI

算力革命的
新时代

——电力+算力+余热融合发展趋势

┃吴小龙　著┃

哈尔滨出版社
HARBIN PUBLISHING HOUSE

图书在版编目（CIP）数据

算力革命的新时代：电力＋算力＋余热融合发展趋势 /
吴小龙著 . -- 哈尔滨：哈尔滨出版社，2024.3
　ISBN 978-7-5484-7771-6

　Ⅰ．①算… Ⅱ．①吴… Ⅲ．①电力电子技术－研究②
计算能力－研究③余热－研究 Ⅳ．① TM76 ② TP302.7
③ X706

中国国家版本馆 CIP 数据核字（2024）第 062752 号

书　　名：算力革命的新时代：电力＋算力＋余热融合发展趋势
SUANLI GEMING DE XINSHIDAI：DIANLI ＋ SUANLI ＋ YURE RONGHE FAZHAN QUSHI

作　　者：吴小龙　著
责任编辑：韩伟锋
封面设计：树上微出版

出版发行：哈尔滨出版社（Harbin Publishing House）
社　　址：哈尔滨市香坊区泰山路 82-9 号　　邮编：150090
经　　销：全国新华书店
印　　刷：湖北金港彩印有限公司
网　　址：www.hrbcbs.com
E-mail：hrbcbs@yeah.net
编辑版权热线：（0451）87900271　87900272

开　　本：880mm×1230mm　1/32　印张：4.25　　字数：82 千字
版　　次：2024 年 3 月第 1 版
印　　次：2024 年 3 月第 1 次印刷
书　　号：ISBN 978-7-5484-7771-6
定　　价：78.00 元

凡购本社图书发现印装错误，请与本社印制部联系调换。
服务热线：（0451）87900279

前言

在 21 世纪，随着科技的飞速发展和社会的不断进步，我们正处于第四次工业革命——算力革命的浪潮之中。这一革命的核心在于算力，它与电力和余热应用技术的深度融合，正推动着产业发展和人类生产生活方式的变革。本书《算力革命的新时代——电力＋算力＋余热融合发展趋势》旨在全面阐述这一融合发展的趋势，以及它对我们未来社会的影响。

首先，电力、算力和余热回收三项技术各自在当今社会中发挥着不可或缺的作用。电力作为工业发展的基石，提供了源源不断的动力；算力作为信息时代的核心，驱动着数字经济的迅猛增长；而余热回收技术则是实现节能减排、提高能源利用效率的关键。然而，当这三项技术开始交叉融合，它们所释放出的能量和潜力超出了各自领域的限制，为解决全球能源危机、推动经济发展和应对气候变化提供了全新的解决方案。

本书从多个角度深入剖析了电力、算力与余热回收的融合发展。从技术层面看，这种融合不仅体现在新能源技术与算力的结合，使电力系统实现智能化、高效化运行，还体现在余热回收技术与算力的结合，通过大数据和AI技术优化能源利用，提高能源效率。从经济和社会层面看，这种融合发展推动了产业升级和绿色发展，为企业提供了新的增长点，同时也为应对全球气候变化、实现可持续发展提供了动力。

　　书中详细介绍了电力、算力与余热回收融合发展的技术路线及案例分析，包括丝绸云谷项目、沙洋的融合项目以及重庆经开区能源站等实际案例。这些案例充分展示了电力、算力和余热回收技术在实践中的成功应用，为其他地区和企业提供了宝贵的经验和启示。

　　此外，本书还探讨了电力、算力与余热回收融合发展的未来趋势及挑战。随着技术的不断创新和突破，三者的融合将更加紧密，为人类创造更多的价值。然而，这一过程也面临着诸多挑战，如技术瓶颈、资金问题、市场接受度等。为了克服这些挑战，需要政府、企业和研究机构共同努力，加强政策支持、技术创新和市场拓展等方面的工作。

最后，书中强调政府、企业与研究机构在推动电力、算力与余热回收融合发展中的责任和作用。政府应制定有利于可持续发展的政策，鼓励技术创新和市场拓展；企业应加大研发投入，探索新的商业模式和市场机会；研究机构则应致力于基础研究与创新，培养高素质人才，推动科技成果转化和应用。通过各方的通力合作，我们有望实现电力、算力与余热回收的深度融合发展，为构建一个更加绿色、智能的未来做出贡献。

推荐序

潘定国 ｜江苏省独角兽瞪羚企业联盟秘书长｜
｜艾佳生活、国兴大健康创始人｜

2023 年将是 AI 人工智能大模型的元年，随着人工智能技术的飞速发展，我们人类将进入一个新的时代。在这个新时代中，算力不仅成为了科技的核心驱动力，更成为了推动产业升级和社会进步的重要力量。亿众公司的吴小龙先生，以其前瞻性的视野和深厚的行业经验，为我们揭示了算力革命的巨大潜力与无限可能。

吴小龙先生的低碳算力产业方案，将 AI 与绿电、算力和余热应用结合，展现了一个全新的生态模式。这种模式不仅有助于降低能耗、减少碳排放，更能够提高算力效率，为人工智能技术的发展提供强大的支撑。

作为江苏省独角兽瞪羚企业联盟的秘书长，我深知 AI 对于企业发展的重要性。AI 技术的应用正在逐渐渗透到各行各业，为企业带来了巨大的商业价值。而吴小龙先生的方案，正是将 AI 与新能源革命结合的最佳实践。

在《算力革命的新时代——电力＋算力＋余热融合发展趋势》这本书中，吴小龙先生详细阐述了 AI 与新能源的内在联系和未来发展趋势。他通过丰富的案例和实践经验，为我们揭示了 AI 技术在未来的巨大潜力。这本书不仅为我们提供了一个全新的视角来看待 AI 技术的发展，更激发了我们投身于这场深刻的技术革命的热情与决心。

我坚信，《算力革命的新时代——电力＋算力＋余热融合发展趋势》将激发更多创业者投身于科技前沿的创新和创业。我衷心希望这本书能够为读者带来启示与灵感，共同开创一个充满无限可能的未来。

目录

第一章　电力、算力与余热回收的融合发展概述

本章主要讲述了电力、算力与余热回收的融合发展，强调了三者结合在实现能源高效利用和推动绿色发展中的重要性。通过新能源、算力和 AI 技术的融合，可以应对全球能源和环境挑战，开启可持续发展的"第四次工业革命"的新篇章。

第一节　电力的背景和意义

电力作为现代社会不可或缺的能源，其背景和意义深远而广泛。

从历史角度看，电力的发现和应用推动了人类社会的工业化进程，改变了人们的生活和生产方式。

如今，在全球能源转型和应对气候变化的背景下，电力生产技术正在经历从传统能源向可再生能源转变的重要时期，风能、太阳能等清洁能源逐渐成为主导。同时，科技的进步也驱动着电力系统向更高效、安全和智能化的

方向发展，如智能电网、分布式能源等技术的应用。

电力不仅关乎社会经济发展，也是国家安全和社会稳定的重要因素。它推动着相关产业的发展，创造就业机会，为社会进步提供动力。

展望未来，电力技术的发展趋势将更加注重可再生能源的开发利用、电力系统的数字化和智能化以及全球能源的互联互通。电力技术的背景和意义在于它是连接历史、现在和未来的桥梁，是推动社会进步和实现可持续发展的关键力量。

一、火电在电力应用中的背景和意义

火电作为传统的发电方式，在全球电力供应中占据着举足轻重的地位。其背景源于技术和经济的考量，火电技术成熟，运行稳定，且长期来看成本较低。在全球能源需求持续增长的背景下，火电成为满足电力供应缺口的有效途径。

然而，随着环境问题日益受到关注，火电也存在着碳排放和环境污染的问题。这促使人们不断探索火电技术的改进和环保措施的实施，以实现火电的清洁、高效发展。

火电的意义在于其能够提供稳定、可靠的电力供应。无论是在能源需求的高峰期还是低谷期，火电都能根据需求进行快速、灵活的调节，确保电力系统的稳定运行。此外，火电的发展也推动了相关产业的发展，为经济增长和就业创造了机会。

尽管火电在应对气候变化和推动清洁能源转型方面仍需努力，但其对于满足全球电力需求、保障能源安全、促进经济发展等方面却具有不可替代的作用。未来，火电的发展将更加注重能效提升、环保技术的研发和应用，以实现可持续发展。

二、水电在电力应用中的背景和意义

水电作为清洁发电方式的一种，在电力应用中具有独特的地位和意义。其背景在于水资源的丰富性和可再生性，水力发电是一种利用水能转化为电能的发电方式，具有清洁、可再生、可持续等优点。水电的开发和利用可以缓解能源短缺的问题，同时也可以减少对化石能源的依赖，降低碳排放和环境污染。

水电的意义在于其对电力供应的稳定性和安全性。水电站的建设可以调节河流水量、平缓电力负荷的波动、提高电力系统的稳定性和可靠性。同时，水电的发展还可以促进区域经济的发展和改善民生。水电站的建设可以带动周边地区的经济发展，提供就业机会和税收收入，同时也可以改善当地的电力供应条件，提高人民的生活质量。

然而，水电的发展也面临着一些挑战和问题。首先，水资源的分布不均和季节性变化会影响水电的发电量和稳定性。其次，水电的建设需要考虑到生态环境的影响，如水库的淹没、鱼类栖息地的破坏等。因此，在水电的发展过程中，需要充分考虑生态环境保护和可持续发展的因素，推动水电的绿色发展。

总之，水电作为一种重要的清洁发电方式，在电力应用中具有重要的地位和作用。未来，随着技术的进步和可持续发展的要求，水电的发展将更加注重生态环境保护和综合利用，推动清洁能源的发展和能源结构的优化。

三、核电在电力应用中的背景和意义

核电是一种利用核裂变反应释放出的热能进行发电的方式，具有高能效、污染小、能量密度高、占地规模小、单机容量大、发电量稳定、长期运行成本低等独特优势。它能够有效降低碳排放，助力我国实现"碳中和"目标，是实现大规模替代化石能源发电的电力生产方式。

其次，核电有助于保障能源供应安全。由于核电的发电量稳定，不受季节性因素影响，可以作为基础负荷，为电网提供稳定的电力供应。特别是在化石能源短缺的情况下，核电能够发挥其能源优势，缓解能源供应压力。

此外，核电的发展还有助于提高国家的装备制造产业水平，增强国际竞争力。核电产业链长，涉及领域广泛，包括核燃料循环、核电设计、设备制造、电站建设等。核电的发展能够带动相关产业的发展，推动我国高端设备制造业的进步和创新。

然而，核电的发展也面临着一些挑战和问题。首先，核电技术的研发和设备制造需要大量的资金投入和技术支持，需要加强国际合作和技术交流。其次，核废料的处理和核安全问题也是核电发展中需要关注和解决的难题。

综上所述，核电在电力的应用中具有重要的地位和作用。未来，随着技术的进步和可持续发展要求的提高，核电的发展将更加注重安全、环保和可持续发展，推动清洁能源的发展和能源结构的优化。

四、新能源在电力应用中的背景和意义

随着社会经济的快速发展和环境保护意识的提高，新能源（太阳能、风能、地热能等）在电力应用中的地位和作用日益凸显。其背景在于全球能源结构的转型和应对气候变化的迫切需求，使得新能源成为未来能源发展的重点方向。

首先，新能源的发展是应对全球能源危机和气候变化的必然选择。传统化石能源的逐渐枯竭和环境问题的加剧，使得新能源的开发和利用成为全球关注的焦点。新能源作为一种清洁、可再生的能源，其大规模应用不仅可以减少对传统能源的依赖，降低碳排放和环境污染，还有助于实现可持续发展和保护生态环境。

其次，新能源的发展也是推动技术创新和产业升级的重要动力。新能源技术的研发和应用需要大量的科技创新

支持，包括材料科学、制造技术、信息技术等多个领域。新能源产业的发展可以带动相关产业的发展，推动科技创新和产业升级，提高国家的竞争力和国际地位。

此外，新能源在电力应用中的意义还体现在保障能源供应安全和提高能源利用效率方面。新能源具有分布式、可再生、可持续等优点，可以弥补传统能源的不足，提高能源供应的多样性和安全性。同时，新能源发电可以减少能源转换和传输过程中的损失，提高能源利用效率，降低能源成本。

然而，新能源的发展也面临着一些挑战和问题。例如，新能源的开发和利用需要大量的资金投入和技术支持，同时也需要解决并网难、储能技术不成熟等问题。因此，在推动新能源发展的过程中，需要加强政策引导和技术支持，促进新能源产业的健康发展和可持续发展。

综上所述，新能源在电力应用中的背景和意义重大。未来随着技术的进步和可持续发展要求的提高，新能源的开发和利用将更加广泛和深入，推动清洁能源的发展和能源结构的优化。

五、源网荷储在电力应用中的背景和意义

源网荷储作为一种新型的能源管理模式，其背景源于传统能源管理和电力系统的局限，以及可再生能源的大规模接入和智能电网技术的发展。随着全球能源危机和环

境问题的加剧，可再生能源的开发和利用成为未来能源发展的重要方向。然而，可再生能源具有间歇性和波动性，给电网稳定运行带来挑战。同时，传统能源管理和电力系统的局限使得能源资源的配置和利用不够合理，无法满足现代社会对能源安全、清洁和可靠的需求。

在这种背景下，源网荷储的概念逐渐被提出并得到了广泛关注。源网荷储通过协调电源、电网、负荷和储能四个方面，实现能源的高效管理和优化。这种管理模式能够解决可再生能源并网和消纳的问题，提高电网的稳定性和可靠性，同时优化能源资源配置，降低能源损耗和碳排放，为应对全球能源危机和气候变化提供了新的思路和方法。

源网荷储在电力应用中的意义主要表现在以下几个方面：首先，提高电力系统的稳定性和可靠性。通过协调电源、电网、负荷和储能四个方面，可以平抑可再生能源的波动，确保电力系统的稳定运行，提高电力供应的可靠性和稳定性。其次，优化能源资源配置。源网荷储可以对各类能源进行合理配置和优化，实现能源的最大化利用。同时，通过智能调度和优化算法，可以实现对可再生能源的高效利用，最大程度地满足电力需求。此外，降低能源损耗和碳排放也是源网荷储的重要意义之一。通过对电力系统的运行方式进行优化，可以减少不必要的能源损耗和碳排放，进一步降低碳排放和环境污染。

综上所述，源网荷储在电力应用中的意义重大。未来随着技术的进步和可持续发展要求的提高，源网荷储的应用将更加广泛和深入，推动清洁能源的发展和能源结构的优化。

六、充电桩在电力应用中的背景和意义

在电力应用中，充电桩的出现和发展源于多重因素的共同推动。首先，环保压力的加大和政府对新能源汽车的政策支持为充电桩的建设提供了强大的推动力。新能源汽车的普及要求必须有相应的充电设施为其提供能源，充电桩应需而生，成为支撑新能源汽车发展的基础设施。

此外，智能电网技术的进步也为充电桩的发展提供了重要技术支持。智能电网可以实现电网的信息化、数字化和智能化，提高电网的运行效率和可靠性。而充电桩作为智能电网的重要组成部分，通过与电网的智能互动，可以实现电力的高效管理和优化利用。

充电桩在电力应用中的意义重大，它不仅解决了新能源汽车的能源补充问题，提高了电力系统的利用效率，还为电网的智能化管理提供了有力支持。未来，随着新能源汽车的进一步普及和智能电网技术的持续发展，充电桩的作用将更加突出，其在推动能源结构优化和实现可持续发展方面将发挥更加重要的作用。

第二节　算力的背景和意义

算力在数字化时代具有不可或缺的重要性。作为处理和解决计算问题的能力，算力支撑着人工智能、云计算、区块链、大数据等高科技产业的发展，并推动传统产业的数字化转型。算力的提升意味着数据处理能力的提升，能够更好地应对复杂的数据处理需求。同时，算力的发展也加速了科技创新的步伐，并保障信息安全。

一、A——AI 和算力的发展

AI 和算力的背景可以追溯到 20 世纪 50 年代，当时计算机科学家们开始探索如何让计算机模拟人类的智能。随着计算机技术和算法的不断进步，AI 逐渐从实验室走向实际应用，成为现代社会不可或缺的一部分。在这个过程中，算力作为 AI 应用的基础，也得到了迅速的发展。

目前，AI 和算力的发展已经进入了一个新的阶段。随着深度学习技术的不断成熟，AI 的应用范围越来越广泛，从自然语言处理、图像识别到自动驾驶等领域都有涉及。同时，随着芯片技术的不断发展，算力也在不断提升，为更复杂的 AI 应用提供了可能。

AI 和算力的发展也受到了政府和企业的大力支持。许多国家都出台了相关政策，鼓励 AI 和算力的研究和应用。同时，许多企业也纷纷投入巨资，开展 AI 和算力的研究和开发工作。

AI 与算力之间存在密切的关系。首先，AI 的应用需要大量的计算能力来进行训练和推断，因此高效的计算能力是 AI 应用的基础。其次，为了满足 AI 的复杂计算需求，计算机硬件厂商不断推出新的芯片，如 GPU 和 TPU 等，这些芯片专门用于 AI 计算，具有更高的并行计算能力和更大的存储空间，能够更加高效地进行 AI 计算任务。

此外，AI 和超级计算机都需要大量的算力，但它们的需求特点有所不同。AI 计算主要依赖于并行计算能力，因为深度学习算法包含大量可以并行的计算任务。而超级计算机则更多地依赖于 CPU 的核心数和主频，以及内存的大小和带宽，因为科学计算的很多任务是串行的，无法进行大规模的并行。

综上所述，AI 与算力之间的关系是相互促进的。算力是 AI 应用的基础，而 AI 的发展也推动了算力的不断提升。

二、B——区块链在算力应用中扮演的角色

算力是区块链运行的基础，也是区块链安全性的保障。

首先，区块链的运行需要大量的算力。每个节点都需要进行哈希计算以验证交易的有效性和生成新的区块，这些计算需要消耗大量的算力。在比特币网络中，算力代表了一台矿机每秒钟能做多少次哈希碰撞，算力越高，矿机

处理交易的效率就越高，获得区块奖励的机会也越大。因此，算力是衡量矿机性能的重要指标。

其次，区块链的安全性也依赖于算力。区块链的安全性来自其去中心化的特性，而这种特性的维持需要足够多的节点参与，每个节点都需要具备一定的算力来保证其处理交易的能力。如果节点的算力不足，就容易受到攻击，从而导致区块链的安全性受到威胁。

此外，区块链的共识机制也需要算力支持。例如，工作量证明机制就需要节点进行大量的哈希计算，算力越高，获得区块奖励的机会就越大。而权益证明机制则需要节点持有足够的权益，通过一定的算力来证明其权益，从而获得生成区块的机会。

综上所述，区块链与算力之间是相互依赖的关系。算力是区块链运行的基础和安全性的保障，而区块链的发展也需要更多的算力支持。在未来，随着区块链技术的不断进步和应用场景的不断拓展，这种关系将更加紧密。

三、C——云计算与算力的关系

云计算和算力之间存在密切的关系。云计算是依赖于IT的转型来驱动的，而算力的发展则是云计算的重要驱动力。云计算提供了算力的基础设施，如计算能力、存储和带宽等，这些基础设施正是云计算所提供的主要业务。

云计算具备分布式计算的特点，通过虚拟技术在理论上可以无限扩展足够多的服务器集群，从而提供无限的算力。随着云计算技术的不断发展和服务器集群的不断扩大，云计算的算力也在不断提升。

在算力方面，云计算主要依赖于分布式计算技术，将大量的服务器集群通过网络连接起来，形成一个庞大的计算资源池。这个计算资源池可以根据用户的需求动态地分配算力资源，实现高效、灵活和可扩展的计算服务。

总之，云计算和算力之间是相互促进的关系。云计算的发展推动了算力的不断提升，而算力的提升又为云计算提供了更加强大的计算能力。在未来，随着云计算技术的不断发展和算力需求的不断增长，这种关系将更加紧密。

四、D——大数据技术的算力的关系

随着数据量的爆炸式增长，处理和分析这些数据需要强大的算力支持。算力是计算能力的简称，它能够处理和解决计算问题，是大数据处理和分析的基础。

大数据的特性决定了它需要更高的计算能力来处理和分析。大数据的数据量巨大，处理和分析的难度高，需要强大的计算能力来加快处理和分析的速度。算力的提升可以提供更快的计算速度和更高的计算精度，从而更好地满足大数据处理和分析的需求。

算力的发展也推动了大数据技术的进步。随着芯片

技术和计算机架构的不断进步，算力在不断提升，使得大数据处理和分析的效率更高。同时，随着云计算、分布式计算等技术的发展，大数据的处理和分析也更加便捷和高效。

综上所述，大数据技术与算力之间是相互促进的关系。大数据技术的发展需要强大的算力支持，而算力的提升又能够更好地满足大数据处理和分析的需求。在未来，随着数据量的不断增长和技术的不断进步，这种关系将更加紧密。

五、ABCD 大融合

A——AI、B——区块链、C——云计算和 D——大数据技术的融合，可以带来多方面的优势和价值。

首先，这种融合能够提高数据处理和计算的能力。大数据需要强大的计算能力来处理和分析，而 AI 和云计算则提供了这种能力。AI 技术可以自动化地完成数据清洗、特征提取和模型训练等任务，加速数据处理的过程。云计算则提供了弹性的计算资源，可以根据需求快速地扩展或缩减计算能力，满足大数据处理的需求。

其次，这种融合能够提高数据的安全性和可信度。区块链技术可以用于数据验证和防篡改，保证数据的真实性和可信度。通过区块链的分布式账本特性，可以追溯数据的来源和流转过程，避免数据被篡改或伪造。同时，云计算可以提供数据存储和访问控制等服务，进一步保障数据的安全性和隐私性。

第三，这种融合能够促进业务创新和智能化发展。AI 技术可以根据大数据分析的结果，自动化地进行决策和预测，提高业务效率和智能化水平。区块链技术可以用于建立可靠的信任机制，促进跨企业、跨行业的合作和创新。云计算则提供了弹性的计算资源和高效的资源管理，加速业务创新的过程。

在实际应用中，可以将 AI、区块链、云计算和大数据等技术集成到一个统一的平台中，实现技术的无缝对接和协同工作。这个平台可以根据业务需求，灵活地调度计算资源、存储资源、数据资源和 AI 模型等，提供高效、安全、可靠的数据处理和分析服务。同时，这个平台也可以根据业务变化和需求变化，快速地调整资源和配置，适应不断变化的市场环境和技术环境。

AI、区块链、云计算和大数据技术的融合，可以提高数据处理和计算的能力、提高数据的安全性和可信度、促进业务创新和智能化发展。这种融合可以为各行各业带来更多的机会和价值，推动产业数字化转型和创新发展。

第三节　余热的背景和意义

余热主要来源于工业生产过程中产生的废热。在许多工业流程中，如冶炼、化工、造纸等，大量的热量被排放到环境中，不仅造成了能源浪费，也对环境造成了热污染。因此，余热的回收和利用成了一个重要的节能和环保课题。

余热的意义在于其作为一种可再利用的能源，能够有效地降低工业生产过程中的能耗，提高能源利用效率。通过回收和利用余热，可以减少对新鲜能源的依赖，从而减少能源的开采和碳排放，有助于实现节能减排的目标。此外，余热的利用还可以降低生产成本，提高企业的经济效益。

余热的回收和利用技术也在不断发展和完善。例如，热回收系统、热能转换系统等技术的研发和应用，使得余热的回收和利用更加高效和可靠。这些技术的应用，不仅能够推动工业生产的绿色发展，也为实现全球的节能减排目标做出了贡献。

总之，余热主要源于工业生产过程中的废热排放，而余热的意义在于其能够提高能源利用效率、降低能耗和生产成本，同时也有助于环保和节能减排。

第四节　三者融合的发展背景和意义

随着科技的飞速发展，人类社会已经步入了一个以数字化、智能化为特征的新时代。在这个时代中，电力、算力、余热回收三者融合的发展成了重要的趋势，它不仅有助于推动社会经济的可持续发展，更在应对全球气候变化、促进能源转型、实现"工业4.0"等方面展现出巨大的潜力和价值。

一、三者融合发展的背景

1. 技术进步的驱动。随着信息技术的不断突破，特别是云计算、大数据、人工智能等领域的快速发展，算力成为支撑这些技术应用的核心要素。与此同时，余热回收技术水平的不断提升，使得余热资源的利用变得更为可行和经济。这种技术进步为电力、算力、余热回收三者融合提供了强有力的支撑。

2. 能源转型的需求。全球气候变化和环境问题促使各国加快能源转型的步伐。传统能源的逐渐枯竭和环境污染问题，使得可再生能源成为未来的主流。而电力、算力、余热回收三者的融合，能够更好地支持可再生能源的利用和发展，提高能源利用效率，降低碳排放。

3. "工业4.0"的推动。"工业4.0"强调生产过程的自动化、数字化和智能化，要求实现高效、智能的生产方式。电力、算力、余热回收三者的融合，正是"工业4.0"实现的重要基础，能够提供稳定、高效的能源供应，支持智能制造的发展。

二、三者融合的发展的意义

1. 提升能源利用效率

电力、算力、余热回收三者融合，能够充分发挥各自的优势，提高能源的利用效率。例如，利用余热进行发电或供暖，可以减少对新鲜能源的依赖；算力的引入，能够优化能源的分配和使用，降低能耗。

2. 促进循环经济发展

通过电力、算力、余热回收三者的融合，可以实现资源的有效回收和再利用，推动循环经济的发展。这不仅能够减少废弃物的排放，降低环境污染，还能为企业创造新的商业机会和市场价值。

3. 推动工业转型升级

电力、算力、余热回收三者的融合，为工业转型升级提供了强大的技术支持。这种融合有助于实现生产过程的自动化、智能化，提高生产效率和产品质量，降低生产成本，增强企业的市场竞争力。

4. 应对气候变化挑战

电力、算力、余热回收三者融合的发展，有助于减少碳排放，降低对化石能源的依赖，从而应对气候变化的挑战。这种融合能够推动能源结构的优化和转型，为实现全球碳中和目标做出积极贡献。

5. 创造新的经济增长点

电力、算力、余热回收三者融合的发展，不仅能够促进传统产业的升级和转型，还能够催生出新的产业和商业模式。例如，基于这种融合技术的节能环保产业、智能制造产业等新兴领域，具有巨大的市场潜力和商业价值。

三、三者融合开启第四次工业革命新时代

在当今快速发展的科技时代，第四次工业革命正悄然开启，而这一革命的关键在于电力、算力、余热回收三者的高度融合。这种融合不仅为工业生产带来了巨大的变革，更在推动全球经济发展、应对环境问题、提高能源利用效率等方面展现出前所未有的潜力。

1. 开启高效能源利用新时代

电力、算力、余热回收三者融合，使得能源的利用更加高效、智能。通过先进的余热回收技术，将原本废弃的热量转化为可再利用的能源，结合算力的高效调度和分配，实现对能源的精准管理和优化利用。这不仅降低了能耗，减少了碳排放，还有助于推动可再生能源的发展，开启高效能源利用的新时代。

2. 驱动工业智能化进程

这种融合为工业生产提供了稳定、高效的能源供应，

同时结合算力的发展，实现生产过程的自动化、数字化和智能化。从智能制造到工业物联网，电力、算力、余热回收三者的融合为工业生产带来了巨大的变革，推动了"工业4.0"的实现，驱动了整个工业体系的智能化进程。

3. 创造经济发展新动力

电力、算力、余热回收三者融合的发展，催生了一系列新兴产业和商业模式。节能环保产业、智能制造产业等领域的快速发展，为全球经济注入了新的活力。这种融合不仅推动了传统产业的升级和转型，还为经济增长创造了新的动力和机遇。

4. 应对气候变化挑战

气候变化和环境问题已成为全球共同面临的挑战。电力、算力、余热回收三者融合的发展，有助于减少碳排放，降低对化石能源的依赖，推动能源结构的优化和转型。这种融合为实现全球碳中和目标提供了有力支持，为应对气候变化挑战做出了积极贡献。

电力、算力、余热回收三者融合对开启第四次工业革命的意义重大而深远。它不仅推动了能源利用方式的革新和工业智能化进程，还为经济发展创造了新的动力，为应对气候变化挑战提供了有效解决方案。在未来，这种融合将继续发挥重要作用，引领人类社会迈向更加可持续和智能化的未来。

第二章　电力系统的智能化与可持续发展

　　本章主要探讨了电力系统智能化与可持续发展的紧密联系。首先介绍了电力系统的智能化发展，通过运用先进的信息通信技术和数据分析技术，提升电力系统的运行效率和可靠性。接着，强调了可再生能源的发展对于电力系统智能化的推动作用，以及电力系统智能化对于可再生能源消纳的促进效果。此外，还讨论了电力需求的增加对电力系统智能化的需求，以及智能化在应对电力需求变化中的优势。同时，阐述了电力系统的可持续发展目标，以及智能化在实现这一目标中的关键作用。最后，总结了电力系统智能化与可持续发展的密切联系，强调智能化是推动电力行业绿色转型和实现可持续发展的重要手段。

第一节　电力系统的智能化发展

　　电力系统的智能化发展是当前能源科技领域的重要趋势，它依托于先进的信息通信技术、大数据技术、人工智能技术等，对传统电力系统进行升级改造，实现电力的高效、安全和可靠供应。

首先，智能电网是电力系统智能化发展的核心。智能电网通过集成传感器、通信设备和控制策略，实现对电力生产、输送、分配和消费全过程的实时监测和优化管理。这有助于提高电力系统的效率和可靠性，降低能源损耗，增强电网的抗灾能力和自适应能力。

其次，大数据技术在电力系统智能化发展中发挥着关键作用。通过对海量的电力数据进行分析和处理，可以深入挖掘电力生产和消费行为的规律，预测未来的需求和趋势。这有助于优化电力生产和调度计划，提高电力供应的可靠性和经济性。

此外，人工智能技术在电力系统智能化发展中也具有广阔的应用前景。人工智能技术可以应用于电力系统的故障诊断、预防性维护、智能调度等领域，提高电力系统的自动化和智能化水平。通过训练智能算法，可以识别异常模式和预测潜在故障，从而及时采取维护措施，减少设备损坏和停电时间。

总之，电力系统的智能化发展是未来能源科技的重要方向之一。通过加强技术创新和合作，推动智能电网、大数据和人工智能等技术在电力系统中的应用，可以实现电力的高效、安全和可靠供应，为经济发展和民生改善提供重要支撑。

第二节　可再生能源的发展与电力系统智能化

可再生能源的发展与电力系统智能化密切相关。随着可再生能源在能源结构中的比重不断增加，电力系统需要适应可再生能源的波动性和间歇性特点，保证电力系统的稳定可靠运行。

智能电网的建设是实现可再生能源与电力系统融合的关键。通过智能电网，可以实现对可再生能源发电的远程监控和调度，根据实时电力需求和可再生能源的发电情况，优化电力生产和消费行为。同时，智能电网可以整合各类分布式能源，包括可再生能源发电、储能设施和需求侧响应资源，实现能源的优化配置和高效利用。

此外，大数据和人工智能技术在可再生能源与电力系统融合中发挥着重要作用。通过大数据技术，可以分析历史和实时的电力数据，预测未来的电力需求和可再生能源的发电情况，为电力生产和调度提供决策支持。人工智能技术则可以应用于电力系统的故障诊断和维护，提高电力系统的可靠性和安全性。

可再生能源的发展促进了电力系统智能化的发展，而智能化的电力系统又为可再生能源的消纳提供了更好的平台。未来，随着技术的进步和能源结构的转型，可再生能源与电力系统智能化将进一步融合，推动电力行业的绿色可持续发展。

第三节　电力需求的增加与电力系统智能化

电力需求是全球能源需求中增长最快的部分，特别是在新兴经济体中，随着经济的快速发展，电力需求也在迅速增长。为了满足不断增长的电力需求，电力系统需要不断提高运行效率和可靠性。

电力系统智能化是应对电力需求增加的有效手段之一。通过智能化技术，可以实现对电力生产和消费全过程的实时监测和优化管理，提高电力系统的运行效率和可靠性。同时，智能化技术还可以预测未来的电力需求，为电力生产和调度提供决策支持，避免电力短缺或过剩的情况发生。

此外，智能化技术还可以促进可再生能源的消纳。随着可再生能源在能源结构中的比重不断增加，其波动性和间歇性特点给电力系统带来了挑战。通过智能化技术，可以实现对可再生能源发电的远程监控和调度，优化电力生产和消费行为，提高可再生能源的消纳水平和电力系统的稳定性。

总之，电力需求的增加推动了电力系统智能化的发展，智能化技术的引入提高了电力系统的运行效率和可靠性，为满足不断增长的电力需求提供了有力支持。未来，随着能源结构的转型和技术的进步，电力系统智能化将在应对电力需求增加方面发挥更加重要的作用。

第四节 电力系统的可持续发展

电力系统的可持续发展是实现经济社会可持续发展的重要保障。随着能源结构的转型和环保意识的提高，电力系统需要更加注重清洁、可再生能源的开发利用，降低碳排放，提高能源利用效率。

智能化技术在推动电力系统的可持续发展中发挥着重要作用。通过智能电网的建设，可以实现对可再生能源发电的远程监控和调度，提高可再生能源的消纳水平和电力系统的稳定性。同时，智能化技术还可以优化电力生产和调度计划，提高电力供应的可靠性和经济性，降低能源损耗和碳排放。

此外，电力系统的可持续发展还需要加强与其他领域的合作和创新。例如，与制造业、信息产业、新材料等领域的合作，可以促进新能源设备的研发和应用；与建筑业的合作，可以推动节能减排技术在建筑领域的应用；与交通领域的合作，可以推动电动汽车等低碳交通工具的发展。

政府在电力系统的可持续发展中发挥着重要的引导和支持作用。政府可以通过制定相关政策和标准，推动清洁能源的开发利用和智能电网的建设；通过实施财政支持和税收优惠等措施，鼓励企业加大对智能化技术和清洁能源的投入；通过加强监管和执法，确保电力系统的可持续发展目标的实现。

总之，电力系统的可持续发展是未来能源发展的必然趋势，智能化技术是推动这一趋势的重要手段。通过加强技术创新和合作，推动电力系统的智能化发展，可以实现电力的高效、安全和可靠供应，为经济社会可持续发展提供重要支撑。

第五节　电力系统的智能化与可持续发展的关系

电力系统的智能化与可持续发展之间存在着密切的关系。一方面，智能化技术是实现电力可持续发展的重要手段，另一方面，可持续发展也是推动电力系统智能化的重要目标。

首先，电力系统的智能化有助于提高能源利用效率，降低能源损耗和碳排放。通过智能电网、大数据和人工智能等技术，可以实现对电力生产和消费全过程的实时监测和优化管理，提高电力系统的运行效率和可靠性。这不仅可以减少能源浪费，降低碳排放，还有助于实现电力的高效、安全和可靠供应。

其次，电力系统的智能化可以促进可再生能源的开发利用，推动能源结构的转型。可再生能源具有清洁、低碳的特点，是实现可持续发展的重要能源形式。通过智能化技术，可以实现对可再生能源发电的远程监控和调度，提高可再生能源的消纳水平和电力系统的稳定性。这有助于减少对化石能源的依赖，推动能源结构的转型和清洁能源的发展。

此外，电力系统的智能化还可以提高电力系统的抗灾能力和应急响应能力，保障电力供应的安全可靠。通过智能化技术，可以实时监测电力系统的运行状态，及时发现和应对潜在的故障和灾害。这有助于减少损失，提高电力供应的可靠性和稳定性。

最后，电力系统的智能化与可持续发展的关系是相辅相成的。可持续发展为电力系统智能化提供了目标和动力，而智能化技术则是实现可持续发展的重要手段。通过加强技术创新和合作，推动电力系统的智能化发展，可以实现电力的高效、安全和可靠供应，为经济社会可持续发展提供重要支撑。

综上所述，电力系统的智能化与可持续发展之间存在着密切的关系。未来，随着技术的进步和能源结构的转型，电力系统的智能化将在推动可持续发展方面发挥更加重要的作用。

第六节　结论

电力系统的智能化发展是当今能源领域的重要趋势，它与可再生能源的发展、电力需求的增加以及可持续发展目标紧密相连。随着技术的不断进步，电力系统正逐步实现智能化，通过智能电网、大数据和人工智能等技术的应用，提高运行效率、降低能源损耗、减少碳排放。同时，可再生能源的兴起为电力系统智能化提供了新的机遇，使得清洁能源能够更好地融入电力系统，提高能源利用效率和稳定性。此外，电力需求的增加也促使电力系统更加注重智能化发展，以满足日益增长的电力需求，并确保电力供应的可靠性和经济性。最终，电力系统的智能化与可持续发展目标相辅相成，智能化技术的发展将有助于实现更高效、安全和可靠的电力供应，为经济社会可持续发展提供有力支持。

第三章 算力时代的数字经济与产业升级

第三章主要探讨了算力时代下的数字经济与产业升级。首先，对数字经济与产业升级的概念和内涵进行了深入分析，追溯了从第一次工业革命到第四次工业革命的演进历程，强调了算力在其中的关键作用。

其次，详细阐述了算力在数字经济和产业升级中的重要影响。算力作为第四次工业革命的核心驱动力，为各行各业提供了强大的计算能力和数据处理能力，加速了数字化转型和智能化升级的进程。算力的发展推动了数据价值的挖掘和应用，为数字经济和产业升级提供了源源不断的创新动力。

然而，数字经济和产业升级也面临着诸多挑战和问题。例如数据安全和隐私保护、技术标准和互操作性的缺失、人才短缺和技能不匹配等。这些问题需要通过政府、企业和社会的共同努力来解决，以实现可持续的数字经济和产业升级。

此外，本章还探讨了算力时代下数字经济与产业升级的发展趋势和前景。随着AI和区块链等新兴技术的应用，数字经济和产业升级将呈现出更加智能化、网络化和去中心化的趋势。这些技术的应用将进一步释放数据的价值，推动数字经济的蓬勃发展，并加速产业的升级和转型。

最后，总结了算力时代下数字经济与产业升级的重要性和前景，强调了算力在其中的核心地位。算力作为第四次工业革命的关键要素，将继续引领数字经济的发展和产业升级，为未来的经济繁荣和社会进步提供强大支撑。

第一节　数字经济与产业升级的概念和内涵

数字经济和产业升级的概念和内涵在四次工业革命中不断演变。

在第一次工业革命前，经济形态主要依赖手工劳动和简单的机械制造。随着蒸汽机的出现，人们开始利用能源进行大规模生产，这标志着第一次工业革命的开始，产业升级主要体现在制造业的初步发展。在第二次工业革命中，产业升级主要体现在电力、钢铁、石油等重工业的发展，以及交通工具（如汽车、火车）的创新。

第三次工业革命以信息技术的发展为标志，数字经济的概念开始出现。这一时期，产业升级主要体现在计算机技术、互联网和通信技术的快速发展，以及制造业和服务业的融合。随着大数据、云计算、物联网等技术的普及，数字经济成为推动产业升级的重要力量。

而现在正处于第四次工业革命的浪潮中，数字经济和产业升级的概念和内涵进一步深化。人工智能、区块链、5G通信等新兴技术广泛应用，推动着各行业向智能化、绿色化、服务化方向转型升级。电力、算力与余热回收的融合，作为开启第四次工业革命的关键，具有深远的意义。首先，电力作为工业发展的核心驱动力，为各行业提供必要的能源。算力则代表了信息时代的计算能力，为数据处理和分析提供了强大的支持。而余热应用则体现了对能源的循环利用，有助于提高能源利用效率和减少环境污染。

这种融合的意义在于，它打破了传统工业的局限，推动了产业向数字化、智能化和绿色化方向升级。电力、算力和余热回收的结合，使得工业生产更加高效、智能和可持续。通过实时监测和控制生产过程，企业可以更好地优化资源配置、降低能耗和提高产品质量。

三者融合也为新兴技术的应用提供了广阔的空间。例如，利用算力技术进行数据分析，可以深入挖掘电力和余热数据的价值，为企业决策提供有力支持。同时，结合人工智能和物联网技术，可以实现更加智能化的生产和管理，提高生产效率和产业竞争力。

电力、算力与余热回收开启了第四次工业革命的大门，为产业升级和可持续发展带来了前所未有的机遇。随

着技术的不断创新和进步，这种融合将继续推动人类社会
向前发展。

第二节　算力在数字经济和产业升级中的作用和影响

　　算力，作为数字经济时代的核心生产力，正在对全球
经济和社会发展产生深远的影响。随着大数据、云计算、
人工智能等技术的快速发展，算力在数字经济和产业升级
中的作用越发突出。

　　首先，算力是推动数字经济发展的关键因素。在数
字经济时代，数据成为新的生产要素，而算力则是挖掘数
据价值、驱动经济发展的重要力量。算力的提升使得大数
据处理和分析的速度大大加快，为各行业提供了精准的市
场预测、智能化决策支持。在商业、金融、医疗等领域，
算力技术的应用带来了业务模式的创新和服务效率的提
升，进一步推动了数字经济的快速发展。

　　其次，在产业升级中，算力发挥着核心作用。传统产
业的数字化转型是产业升级的重要方向，而算力则是实现
这一转型的关键要素。通过引入先进的算力技术和解决方
案，企业能够实现生产过程的智能化、自动化和精细化，
提高生产效率和产品质量。同时，算力技术的应用还催生

出了一批新兴产业，如云计算、人工智能、物联网等，为产业升级提供了新的动力和方向。

此外，算力资本作为新的生产要素，正成为企业核心竞争力的重要组成部分。企业通过加大对算力技术的投入，优化算法和数据处理能力，能够更好地适应市场变化、提高决策效率和创新能力。在激烈的市场竞争中，拥有强大算力资本的企业更有可能脱颖而出，成为行业的领导者。

算力作为数字经济时代的核心资源，已经成为驱动经济增长的重要因素。根据国际数据公司（IDC）、浪潮信息、清华大学全球产业研究院 2022 年 3 月联合发布的《2021—2022 全球计算力指数评估报告》，计算力指数平均每提高 1 点，数字经济和 GDP 将分别增长 3.5‰和 1.8‰。全球各国算力规模与经济发展水平呈现出显著的正相关关系，算力规模越大，经济发展水平越高。

然而，算力的发展也面临着一些挑战和问题。例如，随着算力需求的不断增长，如何保证算力的可靠性和安全性成为亟待解决的问题。同时，算力技术的研发和应用需要大量的专业人才，如何培养和吸引这些人才也是行业面临的重要课题。此外，由于算力技术的研发成本较高，如何降低成本让更多的企业和个人能够享受到算力技术带来的便利也是一个重要的研究方向。

为了应对这些挑战和问题，政府、企业和学术界需要加强合作，共同推动算力技术的发展和应用。政府可以出台相关政策鼓励算力技术的研发和应用，加大对相关产业的支持力度；企业可以加大对算力技术的投入，推动技术创新和业务模式变革；学术界则可以通过不断研究来探索算力技术的未来发展方向和应用潜力。

同时，我们也需要认识到算力技术的发展是一个长期的过程，需要持续投入和努力。在这个过程中，各方需要保持开放的心态，加强交流与合作，共同推动算力技术的进步和应用。

在数字经济和产业升级中，算力的作用和影响不容忽视。随着技术的不断进步和市场需求的不断增长，算力技术有望在未来继续发挥更大的作用，为经济发展和社会进步提供更加强有力的支持。同时，我们也应该认识到算力技术的发展是一个长期的过程，需要各方共同努力才能取得更加显著的成果。

第三节　数字经济和产业升级面临的挑战和问题

一、技术创新

数字经济和产业升级在技术创新上面临着一系列的挑战和问题。随着算力、大数据、人工智能等技术的快速发展，数字经济的规模和影响力不断扩大，但同时也带来了新的技术挑战和问题。

首先，数据安全和隐私保护成为数字经济面临的重要问题。随着数据成为重要的生产要素，数据安全和隐私保护的难度不断增加。如何确保数据的安全存储、传输和使用，防止数据泄露和被滥用，成为数字经济领域亟待解决的问题。

其次，技术创新的不确定性给数字经济和产业升级带来了风险。新技术的出现和发展速度很快，但技术的成熟度和市场接受度存在不确定性。这导致企业在技术选择和应用上存在风险，可能会面临技术更新滞后、投资浪费等问题。

再次，数字经济发展带来的就业结构调整和人力资本提升的问题。随着数字经济的快速发展，传统的就业岗位可能会被自动化和智能化所替代，而新的就业岗位则会出现。这要求劳动者不断更新知识和技能，适应新的就业市场需求。如何有效地提升人力资本，提供相应的培训和教育，是数字经济和产业升级中面临的重要问题。

此外，数字经济发展还面临着技术创新与伦理道德的冲突。例如，AI 技术的广泛应用可能会引发公平、公正和透明度等问题，算法决策可能存在偏见和歧视。如何在技术创新的同时保障伦理道德的底线，确保技术的合理应用和发展，是数字经济和产业升级中必须面对的问题。

综上所述，数字经济和产业升级在技术创新上面临着一系列挑战和问题。为了应对这些挑战和问题，需要加强政策引导、技术研发和人才培养等方面的投入，促进数字经济的可持续发展和产业升级的顺利进行。

二、数据安全和隐私保护

数字经济和产业升级在数据安全和隐私保护上面临着严峻的挑战和问题。随着大数据、云计算、人工智能等技术的广泛应用，数据已经成为数字经济和产业升级的核心要素，但同时也带来了数据安全和隐私保护的新问题。

首先，数据泄露和被滥用是数字经济和产业升级面临的重要挑战。由于数据的价值日益凸显，不法分子或恶意组织可能会采取各种手段获取和滥用数据，导致个人隐私泄露和企业敏感信息外泄。这不仅对个人隐私权构成威胁，还可能对企业声誉和业务运营造成重大损失。

其次，跨国数据传输和存储带来的数据安全和隐私保护问题也不容忽视。在全球化背景下，数字经济和产业升级往往需要跨国数据传输和存储。然而，不同国家和地区的数据安全和隐私保护法律标准存在差异，这可能导致数据在传输和存储过程中面临风险。如何确保跨国数据传输和存储的合规性和安全性，成为数字经济和产业升级中亟待解决的问题。

再次，新技术应用带来的数据安全和隐私保护挑战也日益突出。例如，人工智能、区块链等技术的快速发展为数字经济发展和产业升级提供了新的动力，但这些技术的应用也可能引发新的数据安全和隐私保护问题。如何在新技术应用中保障数据安全和隐私安全，避免技术漏洞被利用，是数字经济和产业升级中需要重视的问题。

此外，数字经济和产业升级中的数据安全和隐私保护还面临着监管和政策层面的挑战。随着数据安全和隐私保护问题的日益凸显，各国政府纷纷出台相关法律法规和政策措施，加强对数字经济和产业升级的监管。如何适应和应对不断变化的监管政策，确保企业合规运营，是数字经济和产业升级中必须面对的问题。

综上所述，数字经济和产业升级在数据安全和隐私保护上面临着诸多挑战和问题。为了应对这些挑战和问题，需要加强技术研发、完善法律法规、加强监管合作等方面的努力，共同构建安全、可信、可持续的数字经济发展环境。

三、区域发展不平衡

数字经济和产业升级在区域发展不平衡方面面临着巨大的挑战和问题。由于地理位置、经济基础、资源等多种因素的影响，不同区域在数字经济发展和产业升级上存在着明显的差异和不平衡。

首先，数字经济的基础设施建设在区域之间存在巨大的差距。一些发达地区在数字经济基础设施建设上投入巨大，拥有先进的信息网络、数据中心和云计算等设施，为数字经济的高速发展提供了有力支撑。然而，一些欠发达地区由于资金、技术等方面的限制，数字经济基础设施建设相对滞后，导致数字经济的渗透率和影响力较低。

其次，不同区域的数字经济发展水平和产业结构存在明显差异。一些地区依托良好的产业基础和创新环境，数字经济发展迅速，形成了具有全球竞争力的数字经济产业集群。而另一些地区则由于传统产业比重较大、创新能力不足等原因，数字经济发展相对滞后，面临着传统产业转型升级的艰巨任务。

再次，人才流动和配置在区域之间存在不平衡。数字经济和产业升级需要大量高素质的人才支撑，但人才的流动和配置往往受到地域、经济发展等多种因素的影响。一些发达地区由于良好的人才生态环境和丰富的就业机会，吸引了大量高素质人才的集聚。而一些欠发达地区则面临人才流失和引进困难的问题，制约了数字经济和产业升级的发展。

此外，政策支持和市场环境在区域之间也存在差异。不同地区的政府对数字经济和产业升级的支持力度和政策导向各不相同，市场环境和竞争状况也存在差异。这导致一些地区在数字经济和产业升级上取得了显著成效，而另一些地区则进展缓慢，面临着诸多困难和挑战。

综上所述，数字经济和产业升级在区域发展不平衡方面面临着诸多挑战和问题。为了推动区域协调发展，需要加强政策引导、加大投入力度、促进人才流动和优化配置等方面的努力，形成各具特色、优势互补的区域发展格局。

四、传统产业转型升级困难

数字经济和产业升级在传统产业转型升级方面面临着一些困难和挑战。传统产业在数字经济时代面临着技术、设备、人才等多方面的制约，难以适应新的市场需求和发展趋势。

首先，传统产业在技术、设备和人才方面资源相对匮乏。传统产业多缺乏自主创新能力和高端技术人才，技术装备和设备更新缓慢，难以与数字经济时代的技术进步相适应。这导致传统产业在数字化转型过程中面临技术瓶颈，难以实现生产过程的数据采集、分析和优化。

其次，传统产业面临着市场变化的挑战。随着消费升级、市场审批、质量安全、法律政策等外部市场变化和产业结构、政府政策等内部市场变化，传统产业的市场需求发生着变化，需要适应新市场和新的竞争环境。然而，一些传统产业由于历史包袱和体制机制的制约，难以快速适应市场的变化，导致转型升级困难。

再次，传统产业面临着资金短缺的挑战。传统产业转型升级需要大量的资金投入，包括技术改造、设备更新、人才引进等方面的支出。然而，一些传统产业由于自身盈利能力和融资渠道有限，难以承担高额的转型升级成本，导致转型升级进程受阻。

此外，传统产业还面临着内外部市场竞争的挑战。数字经济时代的市场竞争更加激烈，新兴技术和创新型企业不断涌现，对传统产业的市场地位构成威胁。同时，国际贸易和保护主义的抬头也给传统产业的国际市场竞争带来压力和不确定性。

综上所述，数字经济和产业升级在传统产业转型升级方面面临着技术瓶颈、市场变化、资金短缺和市场竞争等方面的挑战。为了促进传统产业的转型升级，需要加强技术研发和创新投入、拓展融资渠道、加强市场开拓和品牌建设等方面的努力，推动传统产业与数字经济的深度融合和发展。同时，政府也需要制定相应的政策和措施，鼓励和支持传统产业的数字化转型和升级。

五、治理体系不健全

数字经济和产业升级在治理体系方面面临着巨大的挑战和问题。随着数字经济的快速发展，传统的治理体系已经难以适应新业态、新模式、新技术的需求，导致监管空白、效率低下、利益冲突等问题出现。

首先，数字经济和产业升级需要更加完善和协调的法律法规体系。数字经济的跨界性和动态性使得传统的行业法律法规难以适用，需要制定更加灵活和前瞻的法律法规来规范数字经济的活动。然而，现有的法律法规体系还存在诸多空白和不足之处，需要不断完善和更新，以确保数字经济的健康发展。

其次，数字经济和产业升级需要更加高效的监管体系。随着数字经济的快速发展，数据安全、隐私保护、市场垄断等问题日益突出，需要更加严格和高效的监管机制来维护市场秩序和公共利益。然而，现有的监管体系还存在监管空白、重复监管、监管不力等问题，导致一些不法行为和市场乱象得不到有效遏制。

再次，数字经济和产业升级需要更加公正和透明的司法体系。数字经济的快速发展也带来了诸多法律纠纷和利益冲突，需要公正和透明的司法体系来维护各方权益和社会公正。然而，现有的司法体系还存在一些问题，如司法裁判标准不统一、司法执行难度大等，导致一些数字经济的法律纠纷得不到及时处理和公正解决。

此外，数字经济和产业升级还需要更加开放和包容的政策体系。数字经济的发展需要政府提供更加开放和包容的政策环境，鼓励创新、支持创业、促进合作。然而，现有的政策体系还存在一些问题，如政策不透明、政策不公等，导致一些数字经济企业和个人难以获得公平的发展机会。

综上所述，数字经济和产业升级在治理体系不健全方面面临着法律法规、监管、司法和政策等方面的挑战和问题。为了构建健全的治理体系，需要在加强法律法规的制定和完善、加强监管机构的协调和监管力度、加强司法裁判的公正和透明度、加强政策的开放和包容性等方面继续努力，推动数字经济和产业升级的健康发展。同时，还需要加强国际合作，共同应对数字经济治理的挑战和问题。

六、平台经济体的监管与治理平衡难控

以"互联网＋"为代表的数字经济打破了以传统企业为主的利益格局，但作为流量入口的平台经济体的出现，又可能形成新的垄断。例如，BAT 分别以搜索、电商、社交为核心，凭借其雄厚的资本，通过收购、入股、战略合作等方式进行布局，广泛渗透到各行业。此时该领域的创新已不再是重点，而是服务于其整体战略，在一定程度上容易抑制中小企业创新。另外，网络上虚假信息泛滥、假货泛滥、不良信息传播、在线"黄赌毒"等问题，均离不开平台经济体参与治理。

数字经济和产业升级在平台经济体的监管与治理平衡方面面临着巨大的挑战和问题。平台经济体作为数字经济的重要组成部分，具有规模庞大、跨界融合、网络效应等特征，给传统的监管和治理方式带来了新的挑战。

平台经济体的规模和影响力不断扩大，使得监管难度增加。平台经济体通过集聚大量用户、数据和资本，形

成了强大的市场地位和影响力，对传统产业和市场结构产生了深远影响。这使得监管机构在对其进行监管时面临着信息不对称、监管资源有限等问题，难以有效遏制平台经济体的潜在风险和滥用市场优势的行为。

其次，平台经济体的跨界融合特性使得监管边界模糊。平台经济体往往涉及多个行业和领域，实现了跨界融合和创新。这使得传统的行业监管模式难以适应，监管机构在界定平台经济体的监管边界时面临着困难。同时，平台经济体通过算法、数据等技术手段实现了自动化决策和个性化服务，进一步增加了监管的复杂性和不确定性。

再次，平台经济体的网络效应和数据驱动特性使得治理难度加大。平台经济体通过网络效应吸引了大量用户和交易，形成了庞大的数据资源和市场份额。这使得平台经济体在数据收集、使用和分享等方面具有巨大优势，但也带来了数据隐私保护、算法歧视等问题。监管机构在治理平台经济体的数据时面临着技术挑战和法律空白，难以确保数据安全和公正性。

此外，平台经济体的全球化和跨国经营特性使得国际合作成为必要。平台经济体往往具有全球化的业务布局和跨国经营的特点，其活动不仅影响国内市场，也涉及国际市场和国际贸易。这使得单一国家的监管和治理难以有效应对平台经济体的挑战，需要加强国际合作和协调，共同构建适应平台经济体发展的国际监管和治理体系。

综上所述，数字经济和产业升级在平台经济体的监管与治理平衡方面面临着规模扩大、跨界融合、网络效应和数据驱动等挑战和问题。为了有效应对这些挑战和问题，需要加强监管机构的能力和资源建设、完善法律法规体系、加强国际合作和协调等方面的努力，推动平台经济体的健康发展和产业升级的顺利进行。

七、人才缺乏

随着数字经济和产业的升级，社会对于新型人才的需求也在增加。如果缺乏足够的人才支持，数字经济的发展将受到制约。

八、法律法规滞后

数字经济快速发展，但相关法律法规的制定和实施往往滞后。这可能导致市场秩序混乱、消费者权益受损等问题出现。

第四节 算力时代下数字经济与产业升级的 发展趋势和前景

一、算力成为核心生产力

算力已经成为数字时代的核心生产力，是拉动数字经济向前发展的新动能。算力作为所有应用和服务的支撑，可加速电子信息制造业等信息技术产业的创新发展，推动数字产业化和产业数字化进程，催生新技术、新产业、新业态、新模式，支撑经济高质量发展。

作为数字经济时代中最核心的生产力之一，算力在经济社会各领域和层面都得到了广泛的应用。算力的快速发展除了受技术进步驱动外，还受益于全球化发展所带来的网络化需求的爆发、人们对便捷高效且充满多元化和个性化美好生活的不断追求及对未知世界的不懈探索，以及智能化生产所带来的效率提升。算力作为数字经济时代的核心资源，已经成为驱动经济增长的重要因素。

在产业升级中，算力发挥着核心作用。传统产业的数字化转型是产业升级的重要方向，而算力则是实现这一转型的关键要素。通过引入先进的算力技术和解决方案，企业能够实现生产过程的智能化、自动化和精细化，提高生产效率和产品质量。同时，算力的提升也可以使企业和组织能够更快、更有效地处理和分析数据，从而提高生产力、降低成本、提高客户满意度，进而助推传统产业数字化转型升级，带来延伸性效益。

二、产业数字化加速

1. 算力成为产业数字化的基础

在产业数字化过程中，算力发挥着基础性的作用。无论是云计算、大数据、人工智能等技术的应用，还是各行业数字化转型的需求，都需要强大的算力支持。算力的发展为产业数字化提供了必要的计算资源和数据处理能力，是推动产业升级的关键因素。

2. 云计算成为产业数字化的基础技术

云计算技术的快速发展使得算力资源可以灵活地按需获取和使用。通过云计算平台，企业可以快速地构建和部署应用程序，实现数据资源的集中管理和分析。云计算已经成为产业数字化不可或缺的基础技术，为各行业的数字化转型提供了强大的支撑。

3. 大数据驱动的智能化决策

算力在大数据处理和分析中发挥着重要作用。通过算力对海量数据的挖掘和分析，企业可以更好地洞察市场趋势、优化业务流程、提高生产效率。同时，算力驱动的智能化决策将为企业提供更快速、准确的决策支持，推动产业数字化向更高层次发展。

3. 人工智能赋能各行业

人工智能技术需要强大的算力支持才能实现高效的模型训练和应用。算力的提升使得人工智能在各行业中的应用得以落地，例如智能制造、智慧医疗、智能交通等领域。通过人工智能技术赋能各行业，可以实现更高效、智能的生产和服务，进一步加速产业的数字化转型。

4. 物联网与边缘计算的融合

物联网技术的发展使得设备、传感器等可以实时产生大量数据。为了更好地处理和分析这些数据，边缘计算技术应运而生。算力作为边缘计算的核心要素，可以实现数据在设备端的实时处理和分析，降低数据传输成本，提高处理效率。物联网与边缘计算的融合将进一步加速产业的数字化进程。

三、数字经济与实体经济深度融合

在算力时代下，数字经济与实体经济的深度融合正成为产业升级的重要驱动力。随着大数据、云计算、人工智能等技术的快速发展，实体产业逐渐向数字化、智能化方向转型升级。数字化技术的应用不仅提高了生产效率，降低了成本，还催生了新的商业模式和产业形态。

一方面，数字经济通过数据分析和智能化决策，优化了实体经济的资源配置，提升了产业效率和竞争力。另一方面，实体经济的数字化转型也推动了数字经济的快速发展，为数字技术的创新和应用提供了更广阔的空间。

这种深度融合带来了产业升级的新机遇。实体经济与数字经济的结合，将进一步推动产业的创新发展，催生更多的新业态、新模式，为经济发展注入新的活力。

四、人工智能技术的应用普及

人工智能（AI）在许多领域都有广泛的应用，它能够通过智能感知、理解和决策，帮助人们解决各种问题并提高效率和生产力。

1. 自动驾驶

人工智能技术已广泛应用于自动驾驶汽车的开发。特斯拉、Waymo 等公司利用 AI 算法来处理车辆感知、路径规划和决策控制等方面的问题，使车辆能够在复杂的交通环境中自主行驶。通过大量行驶数据的训练和学习，自动驾驶汽车在处理各种情况时的反应速度和准确性得到了显著提高。

2. 智能制造

在制造业中，人工智能技术也被广泛应用。例如，工业机器人可以利用 AI 算法来提高生产效率、减少错误率，并适应不同的生产环境和任务。例如，ABB、FANUC 等公司推出的新一代机器人，具备更强的感知和决策能力，能够自主完成更复杂的生产任务。

3. 智能物流

人工智能技术在物流领域也发挥着重要作用。例如，京东、亚马逊等公司利用 AI 算法优化仓库管理、物流配送和订单处理等方面的工作，提高效率和准确性。智能物流系统可以实时分析大量的数据，预测未来的需求和配送路线，实现更加智能化的物流运作。

4. 医疗健康

人工智能技术在医疗领域的应用也越来越广泛。例如，AI 算法可以辅助医生进行诊断，通过分析大量的病例数据，提高诊断的准确性和效率。此外，人工智能技术还可以用于药物研发、基因测序等方面，加速新药研发和个性化医疗的发展。

5. 金融科技

人工智能技术在金融领域的应用也日益普及。智能投顾、风险评估、反欺诈等都是 AI 算法在金融领域的常见应用。例如，利用 AI 算法分析大量的金融数据，为投资者提供更加个性化的投资建议和服务。

6. 智能客服

人工智能技术可以模拟人类客服的工作流程，提供 24 小时的服务支持。通过自然语言处理技术，智能客服能够理解用户的语义，自动回答常见问题或转接给人工客服处理复杂问题。这大大提高了客户服务的效率和满意度。

7. 虚拟助手

人工智能技术还可以用于虚拟助手的开发。例如，Siri、Alexa 等智能助手可以理解用户的语音指令，提供天气查询、日程提醒、音乐播放等功能。它们可以根据用户的习惯和偏好进行个性化服务，提高生活的便利性。

8. 智慧城市

在智慧城市建设中，人工智能技术也发挥着重要作用。AI 算法可以用于城市管理、公共安全、交通出行等方面的问题。例如，利用 AI 算法可以实时分析交通流量数据，优化信号灯的控制逻辑，减少拥堵和提高交通效率。

9. 农业科技

人工智能技术也被应用于农业领域。例如，通过无人机和传感器采集农田数据，利用 AI 算法分析作物的生长情况、预测病虫害的发生等。这有助于提高农作物的产量和质量，实现更加可持续的农业发展。

10. 艺术创作

人工智能技术在艺术领域也展现出一定的创造力。例如，生成对抗网络（GAN）可以生成逼真的图像和视频；AI 音乐生成器可以根据用户提供的关键词或情感线索创作音乐；AI 绘画软件可以根据用户提供的草图或风格要求生成艺术作品。这些技术的出现为艺术家提供了新的创作工具和灵感来源。

五、云计算成为基础技术

首先，云计算提供了可扩展性和灵活性，能够满足企业不断增长的计算需求。以亚马逊 AWS 为例，它提供了高度可靠、可扩展的计算和数据存储服务，企业可以根据业务需求灵活地增加或减少资源，无须进行大量的硬件投入。这种灵活性使得企业能够更好地应对市场变化和业务增长，快速响应市场需求。

其次，云计算为企业提供了数据安全和可靠性保障。例如，阿里云通过全方位的安全措施保护企业的数据和应用程序，确保数据的安全性和完整性。同时，多副本容错、数据加密等机制也提高了数据的可靠性和安全性，使得企业能够放心地将数据存储在云端。

此外，云计算基础设施还能够帮助企业降低成本。通过按需付费的模式，企业只需为其所使用的资源付费，避免了大量硬件设备的初期投资和维护成本。这种成本效益使得企业能够更加高效地利用资源，降低成本。

另外，云计算支持全球分布和业务连续性。例如，微软 Azure 提供了全球分布的云计算服务，企业可以在任何地方、任何时间访问数据和应用。这种全球覆盖能力使得企业能够更好地开展全球业务，提高业务效率和竞争力。同时，Azure 还提供了灾难恢复计划和业务连续性解决方案，确保企业在面临意外事件时能够快速恢复数据和应用，保持业务的连续性。

最后，云计算还支持大数据和人工智能的应用。例如，腾讯云提供了高性能的计算和数据存储服务，支持多种开发语言和框架。通过云计算资源进行数据分析、机器学习等应用，企业能够实现业务创新和智能化。这种能力使得企业能够更好地应对市场变化和业务挑战，提高自身的竞争力和创新能力。

综上所述，云计算成为基础技术的原因在于其提供了可扩展性、灵活性、数据安全、降低成本等方面的优势，同时满足了企业对于全球分布、易于维护、支持大数据和人工智能等方面的需求。这些现实案例表明，云计算是未来企业发展的必然趋势和关键支撑力量。随着技术的不断进步和应用场景的不断拓展，云计算将继续发挥更加重要的作用，推动企业的数字化转型和创新发展。

第五节　结论

算力时代的数字经济与产业升级代表了第四次工业革命的核心，这个革命融合了电力、算力与余热回收。自从第一次工业革命通过机械化扩展了人类的生产能力，到第二次工业革命通过电力和大规模生产提高了效率，再到第三次工业革命借助信息技术实现了自动化和智能化，算力革命则是在这个基础上，利用算力，尤其是人工智能和大数据技术，进一步推动产业升级和经济发展。

虽然算力革命带来了巨大的机遇，但数字经济和产业升级也面临着一些挑战和问题。例如数据安全和隐私保护问题、技术更新换代带来的兼容性问题、新旧动能转换的矛盾问题等。因此，在推动数字经济和产业升级的过程中，需要重视这些问题，并采取有效的措施加以解决。

随着算力技术的不断进步和应用场景的不断拓展，数字经济与产业升级的发展趋势和前景也日益明朗。首先，人工智能将成为推动产业升级的核心力量。未来，AI 将在各个领域发挥更大的作用，在智能制造、智慧医疗到智慧金融等方面，推动产业的智能化、高效化、绿色化发展。

区块链技术也将为数字经济和产业升级带来新的机遇。区块链的去中心化、可追溯、安全可信的特性为数据安全、供应链管理等领域提供了新的解决方案。同时，区块链还将与人工智能、物联网等技术结合，共同推动数字经济的发展。

算力时代的数字经济与产业升级是第四次工业革命的核心内容。随着算力技术的不断进步和应用场景的不断拓展，数字经济与产业升级将迎来更加广阔的发展前景。我们需要抓住机遇，应对挑战，以推动经济社会的持续健康发展。

第四章　余热回收技术的发展与产业化应用

　　余热回收技术作为节能减排的重要手段，在钢铁、电力、化工、建材、冶金等行业中得到了广泛应用。这些行业在生产过程中产生大量的废热，为余热回收技术的发展提供了广阔的应用场景。通过回收、利用废热，不仅可以减少能源浪费，降低能源消耗，而且可以为企业节省能源成本，提高经济效益。

　　余热回收技术的发展经历了多个阶段。最初，人们主要通过简单的热交换器将废热转化为有用的热能。随着科技的不断进步，余热回收技术逐渐向高效化和智能化方向发展。新型的余热回收设备和技术不断涌现，如纳米流体、复合相变换热器等，这些技术具有更高的换热效率和更好的节能效果，为余热回收技术的发展注入了新的活力。

　　同时，智能化和自动化技术的应用也为余热回收技术的发展提供了有力支持。利用自动化控制系统，可以实时监测余热回收设备的运行状态，实现远程监控和智能管理，提高设备的运行效率和可靠性。这不仅有助于提高企业的能源利用效率，而且可以降低人工成本和维护成本。

此外，余热回收技术的应用领域也在不断拓展。除了传统的供暖、制冷、发电等领域外，余热回收技术还逐渐应用于新能源领域，如地热发电、生物质能等领域。这些领域的发展为余热回收技术的应用提供了新的机遇和挑战。

总之，余热回收技术的发展与产业化应用在多个领域都取得了显著的进步，为企业和社会的可持续发展做出了积极贡献。随着科技的进步和应用场景的不断拓展，余热回收技术将会有更加广阔的发展前景。

第一节　余热回收技术

一、余热回收设备的研发

余热回收设备的研发是余热回收技术的重要组成部分。通过研发高效的余热回收设备，可以提高余热的利用率，降低能源消耗，为企业创造更多的经济效益。

在余热回收设备的研发方面，需要关注以下几个方面：

1.材料选择

余热回收设备需要具备耐高温、耐腐蚀、高导热等特性，因此材料的选择至关重要。新型的高性能材料，如陶瓷、金属合金等，可以提高设备的耐久性和导热性能。

2.热工过程模拟

利用热工过程模拟软件对余热回收设备的性能进行预测和优化，可以缩短研发周期，提高设备的可靠性。通过模拟不同工况下的热工过程，可以对设备的结构、材料等进行优化，提高设备的换热效率和可靠性。

3.智能化和自动化技术

随着智能化和自动化技术的不断发展，余热回收设备也需要具备智能化和自动化的能力。通过引入传感器、控制器等智能化组件，可以实现设备的远程监控、故障诊断、自动调节等功能，提高设备的运行效率和可靠性。

4.环保和安全

在余热回收设备的研发过程中，需要关注环保和安全问题。选择环保的材料、优化设备结构、加强安全防护措施等，可以降低设备对环境的影响，提高设备的安全性。

总之，余热回收设备的研发需要关注材料选择、热工过程模拟、智能化和自动化技术以及环保和安全等方面。通过不断技术创新和实践经验的积累，可以研发出更加高效、可靠的余热回收设备，为企业节能减排和提高能源利用效率做出更大的贡献。

二、余热资源的评估和分类

余热资源的评估和分类是余热回收技术的重要基础。余热资源是指在目前条件下有可能回收和重复利用而

尚未回收和利用的那部分能量，被认为是继煤、石油、天
然气和水力之后的第五大常规能源。这些余热资源可用于
发电、驱动机械、加热或制冷等，因而能减少一次能源的
消耗，并减轻对环境的热污染。

余热资源的评估主要包括确定余热资源的类型、品
位、规模和可利用性等。其中，类型是指余热资源的产生
方式和来源，如工业窑炉、发动机、排气系统等；品位是
指余热资源的温度和压力等参数，品位的高低直接决定了
余热资源的可利用性和经济性；规模是指余热资源的产
生量和使用量，规模的大小决定了余热资源的利用规模和
投资回报；可利用性是指余热资源回收和利用的难易程
度和技术成熟度等。

根据不同的分类标准，余热资源可以有不同的分类方
式。按照来源，余热资源可分为烟气余热、冷却介质余热、
废气废水余热、化学反应热、高温产品和炉渣余热以及可
燃废气废料余热等。按照形态，余热资源可分为固态载体
余热、液态载体余热和气态载体余热等。固态载体余热包
括固态产品和固态中间产品的余热资源、排渣的余热资源
及可燃性固态废料；液态载体余热包括液态产品和液态
中间产品的余热资源、冷凝水和冷却水的余热资源以及可
燃性废液；气态载体余热包括烟气的余热资源、放散蒸汽
的余热资源及可燃性废气等。

在评估和分类的基础上，针对不同类型的余热资源，

可以采用不同的回收技术和设备进行回收和利用。例如，对于烟气余热，可以采用换热器、余热锅炉等技术进行回收；对于冷却介质余热，可以采用热管技术进行回收；对于废气废水余热，可以采用蒸发器等技术进行回收。这些技术的选择需要根据实际情况进行经济和技术比较，以确定最优的回收方案。

总之，余热资源的评估和分类是余热回收技术的重要基础，对于提高能源利用效率、降低能源消耗、减少环境污染等方面具有重要意义。在实际应用中，需要根据实际情况进行评估和分类，并选择合适的技术进行回收和利用。

三、余热回收系统的设计和优化

余热回收系统的设计和优化是实现余热高效回收的关键。根据不同的余热资源和回收技术，可以采用不同的余热回收系统。

常见的余热回收系统包括热管余热回收系统、热泵余热回收系统和热电余热回收系统等。其中，热管余热回收系统利用热管的高效导热性能，将余热转化为有用的热能，具有结构简单、传热效率高等优点；热泵余热回收系统利用热泵的压缩和膨胀技术，将低品位热能转化为高品位热能，具有节能、环保和高效等优点；热电余热回收系统利用塞贝克效应或皮尔兹效应等热电转换技术，将余热转化为电能，具有无噪声、无污染和高效等优点。

在设计和优化余热回收系统时，需要考虑以下几个方面：

1. 余热资源的评估和分类

根据余热资源的类型、品位、规模和可利用性等参数，选择合适的回收技术。对于高温余热，可以采用高温热管、高温热泵等技术进行回收；对于中低温余热，可以采用中低温热管、相变蓄热等技术进行回收。

2. 换热器设计

换热器是余热回收系统的核心部件，其设计需要充分考虑传热效率、流动阻力和经济性等因素。可以采用先进的换热器设计技术，如折流杆换热器、螺旋折流板换热器等，以提高换热效率和降低阻力。

3. 控制系统设计

控制系统是实现余热回收系统稳定运行的重要保障。需要设计合理的控制系统，实现对余热回收系统的温度、压力、流量等参数的实时监测和控制，以保证系统的稳定运行和高效回收。

4. 能源利用效率

能源利用效率是评估余热回收系统的重要指标。需要采取各种节能措施，如采用高效电动机、优化泵和压缩机等设备，提高系统的能源利用效率。

5. 环保和安全

在设计和优化余热回收系统时，需要关注环保和安全问题。需要采取各种环保措施，如减少噪声、降低排放等；同时需要加强安全防护措施，如设置安全阀、压力表等，保证系统的安全运行。

总之，余热回收系统的设计和优化需要综合考虑技术可行性、经济性和环保安全性等方面。通过不断技术创新和实践经验的积累，可以设计和优化出更加高效、可靠的余热回收系统，为企业节能减排和提高能源利用效率做出更大的贡献。

第二节　余热利用技术

余热利用技术是指将工业生产过程中产生的余热转化为有用的热能、电能，以提高能源利用效率、降低能源消耗和减少环境污染。余热利用技术主要包括余热供暖、余热制冷和余热发电等。

余热供暖是利用工业余热为建筑物提供热能，以达到节能减排和提高能源利用效率的目的。这种技术适用于有稳定余热源的工业企业周边需要供暖的建筑物，如工厂、仓库、居民区等。通过采用余热供暖技术，可以减少对传统能源的依赖，降低供暖成本，同时减少对环境的污染。

余热制冷是利用工业余热来进行制冷，以满足建筑物或工艺流程的制冷需求。与传统的压缩式制冷相比，余热制冷技术具有更高的能效比和更低的运行成本。这种技术适用于有稳定余热源的工业企业或高温废热排放的场所，如钢铁、化工、冶金等行业。通过采用余热制冷技术，可以充分利用余热资源，减少能源浪费，同时满足生产和生活对制冷的需求。

余热发电是利用工业余热来推动发电机组发电，将余热转化为电能。这种技术适用于有大量稳定余热源的工业企业，如钢铁、化工、造纸等行业。通过采用余热发电技术，可以充分利用余热资源，提高能源利用效率，降低能源消耗，减少环境污染。同时，余热发电技术也可以为企业提供额外的电力供应，满足生产和生活对电力的需求。

总之，余热利用技术是实现能源高效利用和节能减排的重要手段。通过充分利用工业余热资源，可以实现能源的循环利用，提高能源利用效率，降低能源消耗，减少环境污染。随着技术的不断进步和应用范围的扩大，余热利用技术在未来将发挥更加重要的作用。

一、余热供暖

余热供暖是指利用工业生产过程中产生的余热，通过特定的技术手段将其转化为可供热用户使用的热能，以达到节能减排和提高能源利用效率的目的。

余热供暖技术主要包括以下几种方式：

1. 直接利用供暖技术。对于温度较高的余热，可以采用直接供暖技术。将余热传输到热用户家中，可以直接用于家庭采暖或工业供热。

2. 热泵供暖技术。热泵是一种能够将低品位的热能转化为高品位的热能供用户使用的装置。利用热泵技术，可以将温度较低的余热转化为高品位的热能，满足用户的供暖需求。

3. 低温余热发电技术。对于温度较低的余热，可以通过低温余热发电技术进行利用。该技术利用余热驱动涡轮机发电，同时将发电过程中产生的废热用于供暖。

余热供暖具有以下优点：

1. 节能减排。余热供暖技术能够充分利用工业余热，减少对传统能源的依赖，降低能源消耗，减少环境污染。

2. 降低成本。余热供暖技术可以降低供暖成本，减少用户的能源费用支出。

3. 提高能源利用效率。余热供暖技术可以将原本废弃的余热转化为有用的热能，提高能源利用效率。

总之，余热供暖是一种高效、环保的供暖方式。通过充分利用工业余热资源，可以实现能源的循环利用，提高能源利用效率，降低能源消耗，减少环境污染。

二、余热制冷

余热制冷是以生产过程中产生的废气、废液，以及某些动力机械排出的热量作为能源，驱动压缩式或吸收式制冷机制冷的技术。余热制冷可以帮助我们回收余热，节约能耗，降低成本。这种技术可回收的余热包括低位热能，例如 0.8Pa 压力的蒸汽，或 60℃以上的热水以及工业废气等。

余热制冷技术的优点包括：

1. 可回收余热，节约能耗，降低成本。

2. 适用于各种规模的制冷需求，从小型家用空调到大型工业制冷系统均可应用。

3. 可以以各种废热作为能源，适应性强。

4. 余热制冷技术节能环保，有助于降低碳排放，减少环境污染。

在应用余热制冷技术时，需要注意以下几点：

1. 废热的温度和流量需要满足制冷机的要求，以保证制冷效果和稳定性。

2. 在设计和选用余热制冷机时，需要考虑其能效比、COP（性能系数）等因素，以保证其节能效果。

3. 需要对余热制冷系统进行定期维护和保养，以保证其长期稳定运行。

4. 在选用余热制冷技术时，需要考虑其投资成本和回收期，以保证其经济可行性。

总之，余热制冷是一种高效、环保的制冷方式。通过充分利用工业余热资源，可以实现能源的循环利用，提高能源利用效率，降低能源消耗，减少环境污染。随着技术的不断进步和应用范围的扩大，余热制冷技术在未来将发挥更加重要的作用。

三、余热发电

余热发电是指将生产过程中多余的热能转化为电能的技术。这种技术不仅有助于节能，还有利于环境保护。余热发电的重要设备是余热锅炉，它以废气、废液等工质中的热或可燃质作为热源，生产蒸汽用于发电。

余热发电的原理是将余热转化为蒸汽或燃气内能，再转化为机械能，进而驱动发电机发电。余热发电的能源来自生产过程中的余热，这些余热包括高温烟气、化学反应余热、废气和废液等。通过余热锅炉将这些余热转化为蒸汽或燃气，然后利用蒸汽轮机或燃气轮机将热能转化为机械能，最后通过发电机将机械能转化为电能。

余热发电具有许多优点。首先，它能够充分利用生产过程中的余热，减少能源浪费。其次，余热发电能够缓解能源紧张问题，减少对化石燃料的依赖。此外，余热发电还有利于环境保护。最后，余热发电能够为企业提供稳定的电力供应，降低生产成本。

在实际应用中，需要根据不同行业和工艺的特点，选择合适的余热发电技术和设备。例如，对于钢铁、有色金属、建材等高温行业，可以利用高温烟气和熔渣等余热进行发电；对于化工等高能耗行业，可以利用化学反应余热和低位热能进行发电；对于纺织、造纸等轻工业，可以利用废水、废气等余热进行发电。

总之，余热发电是一种高效、环保的能源利用方式。充分利用生产过程中的余热，不仅可以节能减排、降低生产成本，还有助于促进能源结构的优化和可持续发展。

第三节　余热存储技术

余热存储技术包括水储热、相变材料储热以及其他储热技术。

水储热技术是最早应用于清洁供暖系统的技术之一，其原理主要是利用余热对水进行加热，储于储水罐；有需要时利用储水罐热水供暖或进行其他应用。水储热技术具有热效率高，设备运行费用低、运行安全稳定、维修方便等优点，在国内外都有很多应用实例，但是也存在储水罐体积较大、受占地空间限制等问题。

相变材料储热是一种利用相变材料（PCM）来储存热能的技术。在储存热能时，PCM吸收热量发生相变，从固态逐渐转变为液态；在释放热能时，PCM发生逆相变，从液态逐渐转变为固态，并释放出储存的热能。相变材料储热技术具有储热密度高、储热放热过程温度稳定等优点，因此在能源储存、建筑节能、航空航天等领域得到广泛应用。

除了水储热和相变材料储热之外，还有其他的储热技术，如热化学反应储热等。这些技术各有优缺点，应根据实际应用场景选择合适的储热技术。

余热存储技术可广泛应用于工业、建筑、交通等领域，有助于提高能源利用效率、降低能源消耗和减少环境污染。随着技术的不断进步和应用范围的扩大，余热存储技术在未来将发挥更加重要的作用。

第四节　余热优化技术

余热优化技术是针对余热资源的有效利用而提出的技术手段，主要包括低温发电和低温制冷技术的升级。

低温发电技术是指利用低温热源（一般在 600℃以下）进行发电的技术。传统的低温发电技术主要利用燃气轮机或内燃机等热力发动机，将低温热源的热能转化为机械能，再通过发电机将机械能转化为电能。但是这些技术效率较低，且对低温热源的利用率不高。为了提高低温发电的效率，目前研究重点主要集中在新型的余热发电技术，如有机朗肯循环（ORC）发电和螺杆膨胀机发电等。这些技术可以大幅度提高低温热源的利用率和发电效率，具有较好的应用前景。

低温制冷技术是指利用低温热源进行制冷的技术。传统的低温制冷技术主要利用液态二氧化碳或液态氮气等低温制冷剂，通过蒸发吸收热量来实现制冷效果。但是这些技术能耗较高，且对环境有一定的影响。为了降低能耗和减少对环境的影响，目前研究重点主要集中在新型的余热制冷技术，如热声制冷、吸附式制冷和热电制冷等。这些技术可以利用余热热源来代替传统的低温载冷剂，从而大幅度降低能耗和减少对环境的影响。

余热优化技术在实际应用中需要考虑不同的场景和需求，选择合适的技术手段进行余热的回收和利用。例如，在工业领域中，可以利用低温发电技术将余热转化为电能，用于生产过程或其他用途；在建筑领域中，可以利用低温制冷技术将余热转化为冷量，用于室内空调或冷冻等用途。

总之，余热优化技术是一种高效、环保的能源利用方式。通过充分利用生产过程中的余热资源，不仅可以节能减排、降低生产成本，还有助于促进能源结构的优化和可持续发展。随着技术的不断进步和应用范围的扩大，余热优化技术在未来将发挥更加重要的作用。

第五节　余热环保技术

余热环保技术是一种将废弃的热能转化为有用能源的技术，主要包括污水厂污泥干化和垃圾发电等领域。

在污水厂污泥干化方面，利用余热技术可以有效地降低污泥含水率，提高污泥的脱水性和稳定性。将余热引入污泥干化设备中，可以加快污泥中水分的蒸发速率，从而减少对传统能源的依赖，降低能耗和减少环境污染。同时，干化后的污泥还可以用于制作肥料、土壤改良剂等，实现资源化利用。

在垃圾发电方面，利用垃圾燃烧产生的余热进行发电是一种有效的垃圾处理方式。通过将垃圾进行高温燃烧，可以将其中的有机物质转化为热能，再利用余热发电技术将热能转化为电能。这种方式不仅可以减少垃圾对环境的污染，还可以实现能源的回收利用，提高能源利用效率。

余热环保技术在实际应用中需要考虑不同的场景和需求，选择合适的技术手段进行余热的回收和利用。例如，在城市污水处理厂中，可以利用余热技术进行污泥干化；在垃圾处理厂中，可以利用余热发电技术将垃圾燃烧产生的热能转化为电能。

总之，余热环保技术是一种高效、环保的能源利用方式。通过充分利用废弃的热能资源，不仅可以减少对传统能源的依赖，降低能源消耗和减少环境污染，还有助于促进能源结构的优化和可持续发展。随着技术的不断进步和应用范围的扩大，余热环保技术在未来将发挥更加重要的作用。

第六节 余热的产业化应用

一、农业领域的余热的产业化应用

在现代农业中，余热回收技术正在发挥越来越重要的作用。通过利用工业余热等废弃的热量，可以实现农业生产的节能减排和资源循环利用，推动农业可持续发展。

以新疆信发生态农业产业园为例，该产业园采用智能温室大棚，巧用工业余热"反哺"现代农业。在智能温室大棚中，墙体由电厂废渣废料压成的加气块构成，而"暖器"则来自电厂的余热。这种利用工业余热的方式，不仅减少了能源浪费，而且为农业生产提供了稳定的热源，有助于农作物的生长。

此外，在草莓种植中，工业生产中产生的二氧化碳也被引入温室，以促进草莓生长。以工业排放的二氧化碳作为植物生长的肥料，既减少了温室气体的排放，又提高了农作物的产量和品质。

据统计，该产业园每年可节煤 7000 余吨，减少二氧化碳排放 1.7 吨。这表明，通过余热回收技术在农业领域的应用，可以实现显著的节能减排效果，推动绿色农业的发展。

这种智能、循环、工业化技术元素的广泛应用，实现了工业和农业相辅相成、共同发展的新格局。将工业余热等废弃的热量转化为有用的热能，不仅可以提高能源利用效率，降低能耗，而且有助于减少环境污染和实现可持续发展目标。

综上所述，余热回收技术在农业领域具有广阔的应用前景。通过回收和再利用废弃的热量和气体，可以实现农业生产的节能减排和资源循环利用，推动绿色农业的发展。这不仅有助于提高农业生产的经济效益和竞争力，也有助于保护环境、促进可持续发展目标的实现。

二、中药领域的余热的产业化应用

中药领域余热产业化应用是指将中药生产过程中产生的余热进行回收和再利用，以提高能源利用效率、降低能耗和减少环境污染。以下是一些现实例子和数据分析：

1. 中药材干燥

在中药材干燥过程中，往往会产生大量的余热。利用余热回收技术，将这部分热量转化为有用的热能，可以大大提高能源利用效率。例如，某中药材加工企业采用了一种新型的余热回收干燥系统，将药材干燥过程中产生的余热进行回收，并将其用于其他工艺流程的加热。据统计，该企业应用该系统每年可节约能源成本约20%。

2. 中药提取

中药提取过程中往往需要消耗大量的能源进行加热和冷却。利用余热回收技术，可以将提取过程中产生的余热进行回收再利用，降低能源消耗。例如，某中药生产企业采用了一种新型的余热回收提取设备，将提取过程中产生的余热进行回收，并将其用于其他工艺流程的加热。据统计，该企业应用该设备每年可节约能源成本约15%。

3. 中药制剂

在中药制剂生产过程中，往往需要加热和冷却多个环节。利用余热回收技术，可以将加热和冷却过程中产生的余热进行回收再利用，降低能源消耗。例如，某中药制剂生产企业采用了一种新型的余热回收制冷系统，将制剂冷却过程中产生的余热进行回收，并将其用于其他工艺流程的加热。据统计，该企业应用该系统每年可节约能源成本约10%。

余热产业化在中药领域的应用具有广阔的前景。通过回收和再利用中药生产过程中产生的余热，可以提高能源利用效率、降低能耗和减少环境污染。同时，这种技术的应用也有助于推动中药生产的绿色化和可持续发展。

三、制造业干化的余热的产业化应用

制造业干化的余热产业化应用不仅有助于提高能源利用效率、降低能耗和减少环境污染，还具有显著的经济和社会效益。

1. 经济效益

回收余热并将其应用于其他工艺流程或供暖系统，可以为企业节省大量的能源成本。以某汽车制造企业为例，通过余热回收技术，该企业每年可以节约能源成本约10%。这意味着企业可以降低生产成本，提高盈利能力。

2. 技术创新

余热回收技术的发展和应用推动了制造业的技术创新。为了更好地收集和利用余热，企业需要进行研发和创新，研发新的技术和设备。这些技术和设备的研发和应用，不仅提高了企业的技术水平，还为整个制造业的技术进步做出了贡献。

3. 环境保护

余热回收技术的应用还有助于减少温室气体排放，缓解全球气候变化。以某汽车制造企业为例，通过余热回收技术，该企业每年可以减少二氧化碳排放量约2000吨。这对于减缓全球气候变化、保护环境具有重要意义。

4. 产业链协同

余热回收技术的应用不仅限于单一企业，还可以促进整个产业链的协同发展。例如，钢铁企业的余热可以供

给周边的企业和居民供暖，实现资源共享和产业链的共赢。这种协同发展模式有助于提高整个产业链的效率和竞争力。

5. 政策支持

政府对余热回收技术的支持和鼓励措施，可以进一步推动这一领域的发展。政府可以通过提供财政补贴、税收优惠等政策，鼓励企业加大对余热回收技术的投入，提高整个行业的能效和环保水平。

6. 未来展望

随着技术的不断进步和环保意识的增强，制造业干化的余热产业化应用将得到更广泛的应用和推广。未来，我们可以预见：

更高的能源利用效率：通过更先进的技术和设备，实现对余热更高效的收集和利用，提高能源利用效率。

更广泛的应用领域：不仅限于汽车制造、钢铁等重工业领域，还将拓展到轻工业等更多领域。

更严格的环保标准：随着环保法规的日益严格，企业对余热回收的需求将更加迫切，这将推动余热回收技术的进一步发展。

更强大的政策支持：政府出台更多鼓励和支持余热回收技术的政策，将推动整个行业的绿色发展。

更深入的科研投入：企业、科研机构和高校加大对余热回收技术的研发力度，将推动技术创新和进步。

制造业干化的余热产业化应用在经济效益、技术创新、环境保护、产业链协同等方面都具有显著的优势和潜力。未来，随着技术的进步和政策的支持，这一领域将得到更广泛的应用和推广，为实现制造业的绿色化和可持续发展做出更大的贡献。

四、工艺用热的余热的产业化应用

工艺用热的余热产业化应用在我国正逐渐成为节能减排和绿色发展的重要领域。根据数据分析，我国工业余热资源丰富，可回收利用的余热资源占比高达60%，显示出巨大的回收潜力。在实践中，余热回收技术已广泛应用于多个行业，如钢铁、有色、化工等，这些行业的余热回收率高达60%以上，为企业带来了显著的节能效果和经济效益。

以钢铁企业为例，通过余热回收技术，企业可以节约能源成本约30%～50%，同时减少二氧化碳等温室气体的排放。据统计，每回收利用1亿吨工业余热，相当于减少二氧化碳排放约100万吨。这种技术的应用不仅提高了企业的经济效益，还有助于缓解全球气候变化，推动绿色发展。

除了经济效益和环保效益外，余热回收技术还在产业链协同、技术创新等方面发挥了重要作用。例如，钢铁企业的余热可以供周边的企业和居民取暖，实现资源共享和产业链的共赢。这种协同发展模式有助于提高整个产业链的效率和竞争力。

此外，政府对余热回收技术的支持和鼓励措施也为企业提供了政策保障。我国政府正在推行各项有利于节能减排的政策，其中包括对余热回收技术的鼓励和支持。

未来，随着技术的不断进步和人们环保意识的增强，工艺用热的余热产业化应用将得到更广泛的应用和推广。我们可以预见，未来的余热回收技术将更加高效、环保和智能化。通过更先进的技术和设备，实现对余热的高效收集和利用，提高能源利用效率。余热回收技术的应用领域也将不断扩大，不仅限于重工业领域，还将拓展到轻工业、电子制造等更多领域。

政府将继续出台更多鼓励和支持余热回收技术的政策，推动整个行业的绿色发展。这些政策将为企业提供更多的财政补贴、税收优惠等支持措施，进一步激发企业加大对余热回收技术投入的积极性。同时，政府还将加强监管力度，推动企业加快技术升级和改造，提高能源利用效率，减少污染物排放。

第五章 电力、算力与余热融合发展的技术路线及案例分析

第一节 电力、算力与余热融合的技术路线

随着能源结构的转型和信息技术的快速发展,电力、算力与余热融合已成为一种新型的技术路线,旨在实现高效、环保、可持续的能源供应和服务。这种技术路线将可再生能源、电力、算力和余热资源进行综合利用,通过多种技术和系统的集成,提高了能源利用效率和供能可靠性,同时降低了碳排放和对传统能源的依赖。

在这种技术路线的指导下,青海丝绸云谷、湖北荆门沙洋的融合项目和重庆经开区能源站等得以实施。这些项目通过将新能源、机房、集中供热、冷、气以及算力、余热资源结合,形成了一站式的能源供应和服务体系。通过这样的整合,不仅可以提高能源的转化和利用效率,还能推动当地的经济和社会发展,促进绿色能源和数字经济的融合。

电力、算力与余热融合的技术路线体现了未来能源

和信息技术发展的趋势。随着技术的不断进步和创新，这种融合将更加深入和广泛，为推动全球能源和经济的可持续发展提供有力支持。

第二节 丝绸云谷项目

一、丝绸云谷项目概述

丝绸云谷项目是一个集大数据产业园区的投资、建设及运营，以及绿色优质能源供给服务于一体的综合性项目。该项目由海东市人民政府与青海亿众数字能源科技有限公司联合打造，旨在搭建一个兼具创新、效率和环保的产业平台。

项目名称源于古老而富有生机的"丝绸之路"，是历史与未来、文化与科技的超融合。

丝绸，自古以来就是中国的象征，代表了我们国家的文明与智慧，同时也体现出我们以此为骄傲的文化自信。云谷，寓指云计算与大数据的新时代，预示着我们决心探索未知，引领产业创新。基于云计算和大数据的"数字丝绸之路"，是连接东西方的现代版"丝绸之路"。低碳产业园是现代丝绸之路上的"新驿站"，是青海向中亚五国算力输出的重要节点。

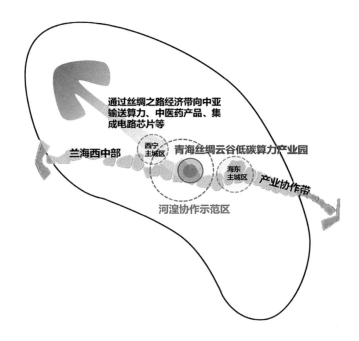

图5-1　丝绸云谷项目辐射范围示意图

　　项目位于青海省海东市零碳产业园区，总体规划用地 1500 亩。它融合了古老丝绸之路的文化精髓与现代数字科技的创新思维，以环保和可持续性为出发点，为客户提供连续稳定的能源服务和算力服务。

　　丝绸云谷项目的核心是打造全球新一代先进零碳机房，探索开展碳汇交易，共同打造国产芯片能效优化孵化基地、数字基建融合发展基地。项目计划总投资超 200亿元，分两期建设，满足约 9 万台高性能服务器和 11 万台服务器的能源需求。

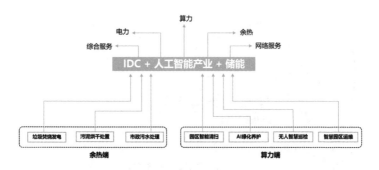

图5-2　产业园基础设施示意图

项目主要面向政府、运营商、影视渲染、数字人、数字医疗、大数据检测及其他互联网企业、媒体、金融项目等，提供定制化的IDC服务。同时，项目将建设成为大型仓储式数据中心和信息存储、交换、分析、处理、发布的集合体，具备云计算、海量存储、异地灾备等功能。

图5-3　零碳云谷花园概念图——利用余热资源打造峡谷
多功能活动温室，成为园区特色场景

丝绸云谷项目"算力余热＋绿电＋集中供暖"组合，预估年产值可达 1.5595 亿元人民币，年税收 2548 万元。项目不仅顺应国家和海东市产业政策要求，还能提升大数据、云计算等产业的技术创新，为政府机关、科研单位等行业和领域提供数据存储云服务，实现智能时代对数据资源的发展和应用。同时，项目也将助力青海亿众数字能源科技有限公司打造全国一体化算力网络国家枢纽节点重点数据中心基地。

图5-4　零碳云谷工业园余热利用参观所概念图

二、丝绸云谷项目规划

一期规划：2023—2025 年，建设 180MW 液冷芯能舱（集装箱式数据机房加余热回收），含 7.2 万支标准机架，满足 9 万台高性能服务器工作。

二期规划：2026—2028 年，建设 220MW 液冷芯能舱（集装箱式数据机房加余热回收），含 8.8 万支标准机架，满足 11 万台高性能服务器工作。

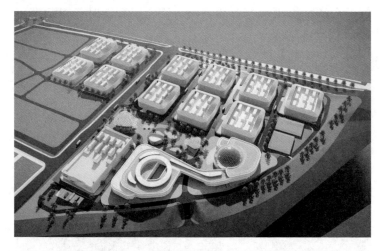

图5-5　丝绸云谷项目概念图

1. 四园规划

（1）存力园。集中的数据存储中心，用于存储和管理大量的数据。包含大量的服务器和存储设备，并可能提供云存储、数据备份和恢复、数据管理等服务。

（2）算力园。集中的计算中心，用于提供大规模的计算能力。包含大量的高性能计算服务器，用于执行大数据分析、人工智能和机器学习、科学模拟和建模等计算密集型任务。

（3）冷力园。专门的冷却设施，用于提供冷却能力以保持数据中心设备的正常运行。这可能包括各种冷却系统，如空气冷却、液体冷却等，以及相关的能源和设施管理。

（4）热力园。专门的热能回收和利用设施，用于利用数据中心的余热进行供暖、供热水、发电等。这可能涉及各种热回收技术和系统，以及相关的能源和设施管理。

2.“2+2”低碳产业体系

产业体系构建：园区形成以大数据和余热利用量大主导产业以及科技服务、零碳服务两个辅助产业功能的“2+2”产业体系。

图5-6　“2+2”产业体系

3. 零碳园区规划

（1）零碳园区。绿色零碳建筑，推广装配式建筑，扩大节能绿色建材，应用节能技术及设备，搭建建筑能耗监测平台，推广光伏一体化建筑，应用建筑信息模型技术。

（2）智慧零碳交通。交通基础设施规划，搭建交通感知网络，应用智慧低碳路灯、交通终端设备，建设综合能源补给站，倡导绿色出行。

（3）生态"负碳"园区。建设碳捕捉设施，应用负碳技术，固碳技术、多层次绿地系统，鼓励植树造林，建设零碳生态设施。

（4）绿色零碳工程。建立污染物监测监控体系，废弃物无害化处理、废旧物资循环利用体系，建设污水、再生水回收利用，智慧生活垃圾处理系统。

图5-7　零碳园区规划

三、丝绸云谷项目技术路线案例分析

1. 电力部分案例

（1）新能源集成案例

• 风能发电案例：项目在选址时考虑了风力资源丰富的地区，安装了大型风力涡轮机，确保了稳定的电力供应。风能发电不仅为数据中心提供了主电源，还为周边的村庄和工业园区提供了电力。

• 太阳能发电案例：在项目场地周围安装了大量的太阳能电池板，利用太阳能进行发电。太阳能发出的电能与风能发电相辅相成，共同确保数据中心的稳定运行。

（2）智能电网技术案例

• 调度与控制案例：在用电高峰期，智能电网调度系统能够自动调整数据中心的负载，确保电力供应的稳定性。通过与国家电网的智能联动，实现了电力的优化调度和平衡。

• 储能系统案例：配备先进的电池储能系统，在电网供电不稳定时，能够自动切换到储能系统供电。储能系统确保了数据中心的连续、稳定运行，避免了因电力波动导致的服务中断。

2. 算力部分案例

（1）数据中心建设案例

• 液冷技术案例：数据中心采用了先进的液冷技术，与传统风冷技术相比，大大降低了数据中心的 PUE（Power

Usage Effectiveness）。液冷技术提高了数据中心的能源效率，为算力提供了更加稳定、高效的生产环境。

• 模块化设计案例：数据中心采用模块化设计，使得数据中心的扩展更加灵活和方便。随着业务需求的增长，可以快速增加数据中心的模块，满足算力的增长需求。

（2）AI 与大数据应用案例

• AI 优化案例：利用 AI 算法对数据中心的冷却系统进行优化，根据实时温度和负载情况自动调整冷却水的流量和温度。AI 优化不仅提高了数据中心的能源效率，还确保了算力的稳定运行。

• 大数据存储与分析案例：为政府、科研机构和企业提供大规模的数据存储和分析服务。通过高效的大数据存储和分析技术，满足了客户对数据处理和分析的需求。

3. 余热回收部分案例

（1）余热回收系统案例

• 热能收集案例：数据中心产生的余热通过专用的管道收集起来。余热收集效率高，几乎所有的数据中心余热都被有效收集并再利用。

• 热能转化案例：将收集的余热转化为可用于其他目的的热能。例如，用于集中供暖或为工业生产过程提供热能。热能转化效率高，转化后的热能品质满足多种应用需求。

（2）能源高效利用案例

• 集中供暖案例：利用回收的热能为周边地区或建筑物供暖。这种集中供暖方式减少了化石燃料的消耗，降低了碳排放，同时提供了稳定的热能供应。通过与当地供热公司合作，实现了余热的规模化应用，推动了地区的可持续发展。此外，项目还为周边的商业和居民提供了可再生能源解决方案，提高了能源利用效率。在冬季供暖季节，数据中心产生的余热通过集中供暖系统输送到周边的建筑和社区，为人们提供温暖的生活环境。这种供暖方式与传统化石燃料供暖相比，不仅更加环保，而且降低了用户的供暖费用。通过余热的回收和再利用，实现了能源的多级利用，提高了能源的整体利用效率。这种模式具有很大的推广价值，可以为更多的地区提供可再生能源解决方案。

四、余热循环经济的倡导

• 提高能源效率。通过液冷技术替代传统风冷技术来提升散热效率；采用余热回收技术，将热能进行二次利用，减少能源消耗。

• 使用清洁能源。结合光伏发电、风力发电以减少对化石燃料的依赖并降低碳排放；未来可结合碳捕获和储存等技术来减少温室气体的排放。

• 减少建筑垃圾。采用整舱交付的形式，省去了传统机房建设的大量土建工作，一体式集装箱机房具备部署灵活、稳定可靠、功能齐备等优势。

第三节　沙洋的融合项目

一、沙洋的融合项目概述

随着 5G 和物联网的进一步落地，网络上的信息总量将呈指数级增长。然而当下社区的网络基础设施的运载能力、数据中心的存储计算能力正在触碰其自身结构所带来的瓶颈。因此，要通过建设能源站，结合智慧城市规划部署算力锅炉（芯能舱），解决当地机房指标不够的问题，建立分布式、共享式、点对点的数据存储、计算与通信网络，为智慧城市提供一个弹性、统分结合、配置均衡的底层基础设施。

将传统的能源站升级为算力＋绿色能源站，"一站两用"，既能满足用户的热量需求，又能满足城市光速使用云服务，包括数据存储、数据传输、渲染制作的算力需求。

公司独有的算力锅炉（芯能舱）污泥烘干再利用技术，先用算力锅炉（芯能舱）产生的热水烘干污泥，再将污泥放入锅炉里燃烧产生热能，能利用低碳、高效、环保的方式有效解决城市中所产生的污泥。

结合碳达峰、碳中和的政策导向，一度电实现了三次商业价值，结合传统热能以及算力余热的综合供能系统，将极效能源梯级利用的理念发挥至极致。供能系统能够利用其分布式特点，补足民生需求，助推经济增长，为碳中和发展打下良好基础。

　　沙洋县生物质、污泥、煤耦合发电供气项目是一个综合性项目，旨在实现高效、环保、可持续的能源供应。通过建设循环流化床蒸汽锅炉、汽轮机、发电机、污泥干化处理设备和算力锅炉（芯能舱）等设备，项目将生物质、污泥和煤进行耦合利用，实现能源的转化和供应。

　　项目以沙洋县丰富的生物质资源为依托，通过能源的转化和供应、算力的支持、污泥处理和生物质利用等方面的整合，实现经济和社会的可持续发展。

图5-8　项目概念图

二、沙洋的融合项目的技术路线

1. 能源与电力技术路线

沙洋县生物质资源丰富，主要利用生物质颗粒燃料进行发电。循环流化床蒸汽锅炉系统可以将生物质燃料中的化学能高效地转化为热能，进一步推动汽轮机转动发电。同时，产生的余热可以用于供热和其他环节，如污泥烘干和算力锅炉（芯能舱）的热源，实现能源的多级利用。

主要供热系统由循环流化床蒸汽锅炉、汽轮机、发电机、污泥低温烘干机、算力锅炉（芯能舱）、水处理系统、循环泵、换热机组、闭式冷却系统组成。

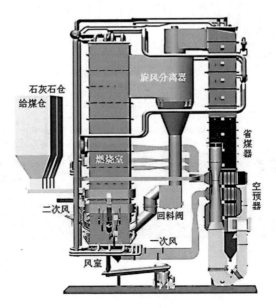

图5-9　循环流化床蒸汽锅炉系统

2. 算力技术路线

随着5G和物联网技术的快速发展，数据量呈指数级增长，传统的数据中心面临运载能力瓶颈。通过建设能源站，结合智慧城市规划部署算力锅炉（芯能舱），解决当地机房指标不够的问题。建立分布式、共享式、点对点的数据存储、计算与通信网络，为智慧城市提供一个弹性、统分结合、配置均衡的底层基础设施。实现"一站两用"，满足用户的热量需求，同时满足城市使用云服务，包括数据存储、数据传输、渲染制作的算力需求。

3. 余热利用技术路线

首先，利用算力锅炉（芯能舱）产生的热水进行污泥烘干，再通过循环流化床锅炉将污泥作为燃料燃烧，产生的热能用于发电和供热。这种技术路线能够实现余热的最大化利用，提高能源利用效率。同时，通过模块化预制、灵活部署、整舱交付等方式，为数据中心提供稳定、可靠、节能的零碳机房。

4. 污泥处理技术路线

污泥处理是本项目的重要环节之一。首先，通过离心脱水系统将污泥中的水分去除，降低其含水率。然后，利用低温带式干化机进一步干化污泥，使其含水率降至10%～50%。此过程中的热源来自算力锅炉（芯能舱）产生的热水。处理后的污泥可作为燃料在循环流化床锅炉进行燃烧，实现资源化利用。

综上所述，沙洋的融合项目通过能源与电力技术、算力技术、余热利用技术和污泥处理技术的综合应用，实现了电力、算力与余热的深度融合发展。这种技术路线不仅提高了能源利用效率，还为沙洋县的能源结构转型和经济发展提供了有力支持。同时，也为其他地区提供了可借鉴的经验和技术路线。

三、沙洋的融合项目的案例分析

1. 能源与电力

沙洋县拥有丰富的生物质资源，每年林业废弃物和竹木加工厂产生的剩余物等可作为生物质燃料用于发电。通过建设循环流化床蒸汽锅炉，利用生物质颗粒燃料进行高效燃烧，产生蒸汽用于发电。这种生物质发电技术不仅为当地提供电力供应，还具有环保和可持续发展的优势。生物质燃料是一种可再生能源，其燃烧产生的二氧化碳在生长过程中会被回收，形成碳的循环，有助于减缓气候变化。此外，利用生物质发电还可以减少对化石燃料的依赖，降低能源成本。

2. 算力案例

随着5G和物联网技术的快速发展，数据存储和计算需求不断增长。算力锅炉（芯能舱）技术在此背景下应运而生，为数据中心提供稳定、可靠、节能的零碳机房。沙洋县结合智慧城市规划，部署算力锅炉（芯能舱）作为数据存储、计算与通信网络的基础设施。这种技术不仅满足了当地对算力的需求，还为智慧城市的建设提供了有力支持。通过模块化预制、灵活部署和整舱交付等方式，算力锅炉（芯能舱）技术能够快速响应市场需求，为不同规模的数据中心提供定制化的解决方案。

3. 余热利用

在沙洋的融合项目中，余热利用是一个关键环节。通过回收和利用锅炉和算力设备产生的余热，实现了能源的循环利用。具体而言，算力锅炉（芯能舱）产生的热水首先用于污泥烘干，降低了对外部热源的需求。同时，循环流化床锅炉将污泥作为燃料燃烧，产生的热能进一步用于发电和供热。这种余热利用技术提高了能源效率，减少了能源浪费。此外，通过优化设计和工艺改进，项目团队不断探索余热利用的新途径，为实现更高效的能源利用提供了有力支持。

4. 污泥处理

在沙洋的融合项目中，污泥处理是一个重要的组成部分。通过离心脱水和低温干燥技术，将污泥进行减量化和资源化处理。具体而言，离心脱水系统将污泥中的水分去除，降低其含水率，为后续处理创造了条件。低温带式干化机进一步干化污泥，使其含水率降至10% ~ 50%，便于后续的资源化利用。在此过程中，算力锅炉（芯能舱）产生的热水为污泥烘干提供了热源，实现了能源的循环利用。处理后的污泥可作为燃料在循环流化床锅炉进行燃烧，实现了资源的最大化利用。这种污泥处理技术不仅减轻了环境压力，还为当地提供了可持续发展的解决方案。

综上所述，本书内容通过对沙洋的融合项目的能源与电力、算力、余热利用和污泥处理等方面的案例分析，展示了电力、算力与余热融合发展的实际应用和实践成果。这些案例为其他地区提供了宝贵的经验和技术路线参考，有助于推动能源结构转型和经济发展。

5. 方案设计

方案设计两台 75t/h 循环流化床蒸汽锅炉，产生中温次高压带动背压机组，背压机组带动一台 7.5MW 的发电机组，从发电机组出来的蒸汽利用管道输送给用热用户使用；发电机产生的电量给算力锅炉（芯能舱）使用，算力锅炉（芯能舱）的算力可以租赁给算力用户使用，产生的热水给污泥低温烘干机使用，循环流化床蒸汽锅炉烟气余热换热后输送给污泥低温烘干机低温烘干使用，低温烘干后的污泥可以输送给循环流化床蒸汽锅炉作为燃料使用；农业生产过程中所废弃物，如稻壳、玉米芯、花生壳、甘蔗渣和棉籽壳以及残留的秸秆等，可作为生物质燃料使用。

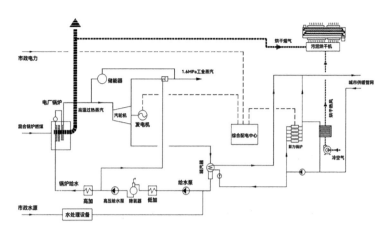

图5-10　方案流程图

第四节　重庆经开区能源站

一、重庆经开区能源站概述

重庆经开区能源站是一个创新的综合能源项目，位于重庆市茶园经开区江溪路。项目拟新建能源站4座。构建"燃气冷热电三联供＋水源热泵＋算力中心余热"的多能互补系统，保证项目的用能需求，并为方圆3公里、约30万平方米建筑提供集中供冷、热及生活热水服务。算力中心以对外出租机柜为主。

该能源站的核心系统包括以下几个方面：

1. 燃气内燃机发电

通过利用燃气内燃机发电，满足能源站的部分用电需求。这种发电方式不仅高效，而且能降低对传统电网的依赖，提高能源利用效率。

2. 烟气热水型溴化锂机组

该机组回收燃气内燃机排放的烟气余热和缸套水余热，用于冬季供热和夏季供冷。这种余热利用方式不仅提高了能源的利用率，还减少了能源浪费。

3. 算力中心余热利用

能源站利用算力中心（即液冷服务器机柜）的余热，优先满足生活热水需求。在冬季，多余的余热可用于供热，实现冷热负荷需求的互补。

4. 算力租赁服务

算力中心机柜采用对外出租的形式，提供算力租赁服务。这种服务模式不仅增加了能源站的收益来源，还为当地企业和机构提供了便捷的算力支持。

图5-11　项目概念图

二、重庆经开区能源站项目规划

1. 项目供能范围

本项目集中供冷、供热范围的建筑包括核心区和预留开发区域两部分,其中核心区建筑面积为16万平方米,预留待开发区域,建筑面积约14万平方米,总计30万平方米。远期规划待开发区域,建筑面积约100万平方米。

2. 建设内容

新建综合能源站:

包含天然气分布式能源系统、水源热泵系统、算力中心。

利用燃气内燃机发电,满足能源站的部分用电需求,不足部分由市电补充。

利用烟气热水型溴化锂机组，回收烟气余热和缸套水余热，进行冬季供热和夏季供冷，满足部分冷热负荷需求。

利用算力中心（即液冷服务器机柜）余热，优先满足生活热水需求，冬季多余的余热用来满足供热需求。

算力中心机柜采用对外出租的形式，算力中心的运营费用由租户承担。

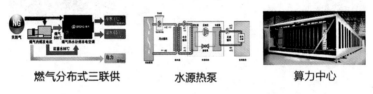

燃气分布式三联供　　　水源热泵　　　算力中心

图5-12　新建综合能源站

3. 技术方案

集中式和分散式供能对比分析：分散式供能是指在每个地块建设一座能源站进行供热和供冷；集中供能是指集中建设一座能源中心站，通过管网输送冷热水至每个地块，再向末端用户进行供能。

分散供生活热水的方式初投资低、运行费用高。本方案能源站供应生活热水利用的算力中心余热，成本低，只需要考虑管网的投资费用。

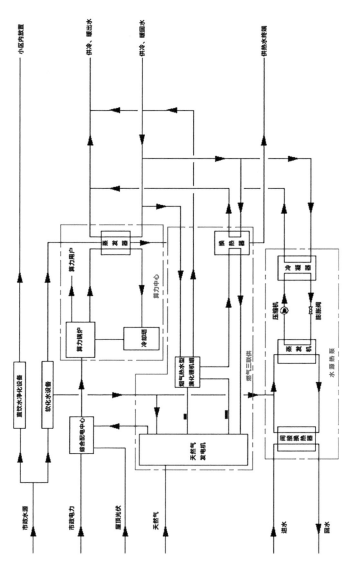

图5-13 燃气冷热电三联供+水源热泵+算力中心余热

三、重庆经开区能源站的技术路线

重庆经开区能源站的技术路线主要涵盖了四个部分：电力部分、算力部分、余热回收部分以及三者之间的融合发展。

1. 电力部分

主要依靠燃气内燃机进行发电，满足能源站的用电需求。燃气内燃机具有较高的发电效率和较低的污染物排放量，是较为清洁的发电方式。这种方式确保了能源站的部分电力供应，为算力和余热部分的运行提供了基础保障。

2. 算力部分

引入了液冷服务器机柜，即算力中心。液冷服务器采用液冷技术，相较于传统的风冷技术，能够更好地解决高密度服务器散热问题，为高性能计算和云计算等应用提供稳定、高效的算力。同时，这些服务器在运行过程中会产生大量的余热。

3. 余热回收部分

能源站充分利用算力中心的余热。这部分余热优先用于满足生活热水的需求。在冬季，多余的余热还可以用于供热，实现了余热的最大化利用。这种余热利用方式不仅提高了能源利用效率，还有利于减少碳排放，推动可持续发展。

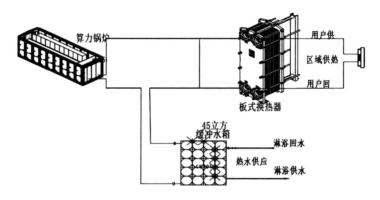

图5-14　算力中心余热系统

4. 融合发展

能源站通过上述技术路线的融合，实现了电力、算力和余热的协同发展。这种融合方式不仅提高了能源的利用效率，还有利于减少对传统能源的依赖，推动地区的绿色发展。同时，通过提供算力租赁服务，能源站还能产生额外的经济收益，提高项目的经济效益。

这种技术路线具有以下优点：

• 高效性：通过燃气内燃机、液冷服务器和余热回收系统的结合，实现了电力、算力和余热的最大化利用，提高了整个系统的能源利用效率。

• 环保性：采用清洁的燃气内燃机和余热回收技术，减少了碳排放和其他污染物排放，有利于环境保护。

• 灵活性：算力中心的设计允许能源站根据需求进行算力的扩展或缩减，具有较强的灵活性。

101

• 可持续性：通过回收和再利用余热，减少了能源浪费，符合可持续发展的理念。

• 经济效益：通过提供算力租赁服务，能源站还能产生额外的经济收益，提高项目的经济效益。

四、重庆经开区能源站的案例分析

1. 技术先进性

能源站采用了燃气内燃机、液冷服务器和余热回收等多种先进技术。这些技术的应用提高了能源的利用效率，减少了碳排放和其他污染物排放，符合环保要求。同时，液冷服务器和余热回收技术的结合，为算力和热量的最大化利用提供了可能，为类似项目提供了有益的参考依据。

2. 可持续性发展

能源站注重可持续发展，通过余热回收和再利用，减少了能源浪费。这种可持续性发展模式有利于减少对传统能源的依赖，推动地区的绿色发展。同时，能源站还为周边建筑和居民提供了生活热水和冬季供暖，改善了人们的生活环境，进一步体现了可持续发展的理念。

3. 经济效益

能源站通过提供算力租赁服务，产生了一定的经济收益。这种模式为项目带来了额外的经济收益，提高了项目的经济效益。同时，能源站的运行也有利于减少对传统能源的依赖，降低了能源成本，进一步提高了经济效益。

4. 灵活性

算力中心的设计允许能源站根据需求进行算力的扩展或缩减，具有较强的灵活性。这种灵活性不仅满足了不同用户的需求，还有利于能源站的长期发展。

5. 社会效益

能源站的建立为周边建筑和居民提供了生活热水和冬季供暖，改善了人们的生活环境。这种社会效益不仅体现在居民生活质量的提高上，还有利于增强社会对能源站的认同感和支持度。

综上所述，重庆经开区能源站通过先进技术的应用、可持续性发展理念的推行、经济效益的提升、灵活性以及社会效益的体现，为地区提供了稳定、高效、环保的能源供应方式，具有重要的示范意义和推广价值。

第六章 电力、算力与余热回收的融合发展趋势及挑战

　　随着能源结构的转型和节能减排的推进，电力、算力与余热回收的融合发展成为一种必然趋势。这种趋势体现为智能化、高效化和多元化的发展方向，它们相互促进，共同推动着能源利用方式的升级和变革。据统计，全球余热资源约占全球能源消耗的 21%～60%，其中工业余热资源占据较大比例。在我国，工业余热资源约占全国总能耗的 30%，其中可回收利用的余热资源约占工业余热资源的 60%。如果将这部分余热资源进行有效回收和利用，不仅可以减少能源浪费，还可以为工业生产提供稳定的热源，降低对传统能源的依赖。在建筑领域，余热回收技术也可以得到广泛应用。例如，在集中供暖系统中，通过回收建筑物的排热，可以实现供暖与制冷一体化，从而降低能耗和减少环境污染。据统计，采用余热回收技术后，建筑物的能耗可以降低 30% 以上。

　　然而，电力、算力与余热回收的融合发展也面临着一些挑战和问题。首先，余热回收技术涉及多个领域的知识，技术难度较大，需要科研人员不断进行研究和探索。

据统计，目前余热回收技术的研发和应用主要集中在钢铁、化工、建材等高耗能行业，其他行业的余热回收技术还有很大的提升空间。同时，余热回收设备和系统的建设和维护需要较高的投资成本，需要探索更加有效的商业模式和融资渠道。据统计，目前余热回收项目的投资回报期较长，约为 5～8 年，这在一定程度上制约了余热回收技术的推广和应用。此外，目前对于余热回收技术的政策支持还不够充分，需要政府加强政策引导和激励措施的制定和实施。

为了推动电力、算力与余热回收的融合发展，需要采取一系列措施。首先，加强科研力度，不断探索和创新余热回收技术和设备，提高回收效率和经济效益。据统计，目前余热回收技术的效率普遍在 60%～80%，还有很大的提升空间。其次，加强政策引导和激励，通过制定和实施相关政策，鼓励企业和个人积极参与余热回收技术的应用和推广。据统计，目前全球已有多个国家和地区出台了余热回收相关的法律法规和政策措施。此外，加强市场推广和宣传，提高公众对于余热回收技术的认知度和接受度，促进市场的健康发展。据统计，目前全球余热回收市场规模正在以每年 5%～10% 的速度增长，市场前景十分广阔。

总之，电力、算力与余热回收的融合发展是一种必然趋势，具有广阔的应用前景和巨大的经济潜力。虽然面临一些挑战和问题，但只要我们不断加强科研力度、政策引导和市场推广，相信余热回收技术一定能够得到更加广泛的应用和发展，为能源的可持续发展和环境保护做出更大的贡献。根据预测，到2025年全球余热回收市场规模将达到3000亿美元以上。同时，这也将为我们的生活带来更加便捷、高效和环保的能源利用方式，推动社会的进步和发展。

第一节　电力、算力和余热回收的协同发展

电力、算力和余热回收在协同发展方面具有广阔的前景和深远的意义。这种协同发展不仅有助于推动能源结构的转型和节能减排，还可以促进新型电力系统建设和实现"双碳"目标。

首先，电力和算力在新型电力系统建设中发挥着重要作用。随着新能源的大规模并网，电力系统的调度运行需要更加精准和智能化。算力可以提供强大的计算支撑，通过数字化技术手段，实现电力系统的实时监测、分析和控制。例如，国家电网通过算力支持，成功构建了大规模源网荷储互动响应平台，该平台利用智能合约技术，实现了电网、用户和储能设备之间的智能合约管理。同时，算力还能够助力可再生能源的高效利用，通过优化调度和智能控制，提高风电、光伏等新能源的消纳水平。据统计，

通过算力支持，某地区的风电消纳比例从 2015 年的不足 20% 提高到了 2020 年的近 80%。

其次，余热的回收利用可以与电力和算力形成良好的互补。在工业生产、数据中心等高耗能领域，余热资源的有效回收和再利用可以降低能源消耗和减少碳排放。例如，某钢铁企业通过回收利用高炉的余热，实现了热能的高效利用，降低了能源消耗和碳排放。同时，余热的回收利用也需要算力的支持，通过数字化技术和智能控制，实现余热的高效回收和再利用。据统计，通过引入算力支持的余热回收系统，某数据中心的能源消耗减少了 30%。

最后，电力、算力和余热的协同发展还需要政策的引导和支持。政府可以通过制定相关政策和标准，鼓励可再生能源的开发和利用，推广数字化技术和智能制造，促进余热的回收和再利用。例如，欧盟的"绿色协议"提出了一系列政策和措施，鼓励可再生能源的发展和余热的回收利用。同时，还需要加强科研力度，推动关键技术的研发和创新，为协同发展提供强大的技术支撑。据统计，欧盟在"绿色协议"框架下投入了数十亿欧元用于支持可再生能源和余热回收技术的研发和创新。

总之，电力、算力和余热的协同发展是推动能源转型和实现"双碳"目标的重要途径。通过政策引导、科技创新和市场推广等方面的努力，可以推动这种协同发展的进程，为未来的能源可持续发展奠定坚实的基础。根据预测，到 2030 年全球可再生能源装机容量将达到 4500 吉瓦（GW），余热回收市场规模将达到数千亿美元。因此，电力、算力和余热的协同发展具有巨大的潜力和市场前景。

第二节　构建新型能源基础设施

随着全球气候变化和能源资源紧张问题的日益严重，构建新型能源基础设施已成为各国政府和企业的共同目标。新型能源基础设施旨在推动能源结构的转型和升级，实现可持续发展和环境保护。通过加强电力和算力的融合、推广可再生能源、建设智能电网和数字化能源管理系统等措施，我们可以构建一个更加高效、稳定、清洁的能源体系，满足不断增长的能源需求，并减少对传统化石能源的依赖。

在这个背景下，我们应争当余热回收与绿色能源的倡导者，积极投身于构建新型能源基础设施的事业中，致力于打造安全、可靠、智能的能源基础设施，助力全球碳中和目标的实现。依靠技术创新和合作共赢的理念，我们可与合作伙伴共同推动能源行业的数字化转型和绿色发展。

在构建新型能源基础设施的过程中，我们相信电力和算力的融合将发挥关键作用。算力将为电力系统提供强大的计算支撑，实现实时监测、分析和控制，提高电力供应的稳定性和可靠性。同时，算力还将助力可再生能源的高效利用，通过优化调度和智能控制，提高风电、光伏等新能源的消纳水平。

据统计，目前全球余热回收技术效率普遍在60%～80%，仍有提升空间。在我国，工业余热资源占据较大比例，其中可回收利用的余热资源约占工业余热资源的60%。如果将这部分余热资源进行有效回收和利用，不仅可以减少能源浪费，还可以为工业生产提供稳定的热源，降低对传统能源的依赖。

通过加强电力和算力的融合、推广可再生能源、建设智能电网和数字化能源管理系统等措施，推动能源结构的转型和升级。同时，还需要加强政策引导和技术创新，为新型能源基础设施的建设提供有力支撑。

第三节 提高能源利用效率和环境友好性

随着全球能源需求的不断增长和环境问题的日益严重，提高能源利用效率和环境友好性已成为各国政府和企业的共同目标。为了实现这一目标，构建新型能源基础设施成了关键。

首先，加强电力和算力的融合是提高能源利用效率的重要手段。通过数字化技术和智能控制手段，我们可以实现电力系统的智能化和高效化利用。例如，国家电网通过算力支持，成功构建了大规模源网荷储互动响应平台。该平台利用智能合约技术，实现了电网、用户和储能设备之间的智能合约管理。通过实时监测和分析能源的消耗情况，可以做出智能化的决策，提高能源的利用效率。

其次，推广可再生能源是实现环境友好性的重要途径。可再生能源具有清洁、可持续的优点，能够减少对化石能源的依赖，降低碳排放。在德国，政府制定了明确的可再生能源发展目标，计划到 2030 年将可再生能源的发电比例提高到 60% 以上。同时，德国也在积极推动电动汽车的发展，减少对传统燃油车的依赖。据统计，2021年德国可再生能源发电比例已经达到了 45% 左右。

再次，余热回收技术也是提高能源利用效率和环境友好性的重要手段。余热资源的有效回收和再利用可以降低能源消耗和减少碳排放。据统计，全球余热资源约占全球能源消耗的 60% 左右，但目前利用率仅为 30% 左右。如果将这部分余热资源进行有效回收和利用，不仅可以减少能源浪费，还可以为工业生产提供稳定的热源，降低对传统能源的依赖。例如，某钢铁企业通过回收利用高炉的余热，实现了热能的高效利用，降低了能源消耗和碳排放。

此外，数字化能源管理系统也是提高能源利用效率和环境友好性的重要工具。通过数字化技术和智能算法，可以对能源的生产、消费和存储进行实时监测和优化管理，实现能源的高效利用和节约。例如，智能电表的使用可以实时监测家庭的用电情况，帮助用户更加合理地使用电力，减少浪费现象。数字化能源管理系统还可以为企业提供更加准确的能源消耗数据，帮助企业更好地管理能源使用和提高生产效率。

最后，政策引导和技术创新是构建新型能源基础设施的重要支撑。政府应制定相关政策和标准，鼓励可再生能源的开发和利用，推广数字化技术和智能制造。同时，企业也应加大科研投入，推动关键技术的研发和创新，探索更加高效和环保的能源利用方式。只有通过政府、企业和社会的共同努力才能实现能源的可持续发展和环境保护的目标。

总之，构建新型能源基础设施是实现可持续发展和环境保护的重要途径。通过加强电力和算力的融合、推广可再生能源、采用余热回收技术和数字化能源管理系统等措施，我们可以有效提高能源的利用效率和环境友好性，为构建美好的未来贡献力量。

第七章　政府、企业与研究机构在推动电力、算力与余热回收融合发展中的责任和作用

随着全球能源危机和环境污染问题的日益严重，电力、算力与余热回收融合发展成了实现可持续发展目标的重要途径。在这个过程中，政府、企业与研究机构各自承担着重要的责任和作用。本章将探讨政府、企业与研究机构在推动电力、算力与余热回收融合发展中的责任和作用。

第一节　政府在推动电力、算力与余热回收融合发展中的责任和作用

在推动电力、算力与余热回收融合发展的过程中，政府作为重要的参与者，扮演着不可或缺的角色。这不仅是政府在法律法规框架下的职责，也是实现可持续发展目标的重要途径。

一、法律法规制定与执行

政府通过制定和执行相关法律法规，为电力、算力与余热回收融合发展提供了法律保障。例如，《环境保护法》《可再生能源法》等法律法规要求企业采取环保措施，促进清洁能源的开发和使用。此外，政府还通过制定产业政策，引导和推动相关产业的发展。

二、政策引导与资金支持

政府通过提供政策引导和资金支持，鼓励企业开展电力、算力与余热回收融合发展。例如，政府可以通过税收优惠、财政补贴等政策，降低企业研发和生产的成本，提高其市场竞争力。同时，政府还可以通过投资或引导社会资本投入，为相关项目提供资金支持。

三、公共设施建设与公共服务提供

政府在公共设施建设和公共服务提供方面也发挥了重要作用。例如，政府可以投资建设智能电网、数据中心等基础设施，为电力、算力与余热回收融合发展提供必要条件。同时，政府还可以通过提供公共服务，如技术转移转化平台、知识产权保护等，促进科技成果的转化和应用。

四、国际合作与交流

政府在国际合作与交流中发挥着桥梁和纽带的作用。通过参与国际组织和活动，与其他国家开展合作与交流，引进先进技术和管理经验，推动本国电力、算力与余热回收融合发展的进程。同时，政府还可以通过对外援助等方式，支持其他国家开展相关领域的发展。

第二节　企业在推动电力、算力与余热回收融合发展中的责任和作用

企业在推动电力、算力与余热回收融合发展中扮演着关键角色。作为市场经济的主体，企业直接参与市场竞争，对于技术的研发、产品的创新以及市场的开拓具有至关重要的作用。

一、技术创新与研发

企业在电力、算力与余热回收融合发展中承担着技术创新与研发的责任。通过加大研发投入，企业可以开发出更高效、环保的电力和算力技术，以及具有竞争力的余热回收技术。这些创新不仅可以提高企业的竞争力，还可以推动整个行业的进步。

二、市场开拓与商业化运营

企业需要积极开拓市场，将创新的电力、算力与余热回收技术推向更广泛的应用领域。通过市场化的商业化运营，企业可以将技术转化为产品和服务，满足市场需求，推动相关技术的普及和应用。同时，企业还可以通过市场反馈，不断优化和改进技术，实现持续的创新和发展。

三、社会责任与可持续发展

企业在追求经济效益的同时，还需要关注社会责任和可持续发展。通过采取环保措施，企业可以减少对环境的负面影响，推动绿色生产和清洁能源的使用。同时，企业还可以积极参与公益事业，推动社区的可持续发展，为社会做出积极贡献。

四、合作与交流

企业需要与政府、研究机构等各方建立合作关系，共同推动电力、算力与余热回收融合发展。通过政企合作，企业可以获得政策支持、资金保障和科研成果转化的机会，加速技术的研发和市场推广。同时，企业还可以通过行业内的交流与合作，分享经验、共同解决问题，推动整个行业的进步和发展。

第三节 研究机构在推动电力、算力与余热回收融合发展中的责任和作用

研究机构在推动电力、算力与余热回收融合发展中扮演着至关重要的角色。作为知识创新和技术研发的重要力量，研究机构通过深入研究和探索，为这一模式的融合发展提供科学依据和关键技术支持。

一、基础研究与理论创新

研究机构在电力、算力与余热回收融合发展中承担着基础研究与理论创新的责任。通过对相关领域的基础理论进行研究，探索新的原理和方法，为技术的突破和创新提供理论支持。同时，研究机构还需要关注国际学术前沿，积极参与国际合作与交流，提升自身的研究水平和国际影响力。

二、技术研发与成果转化

研究机构在电力、算力与余热回收融合发展中还需要进行关键技术的研发和成果转化工作。通过与企业、政府等各方合作，将研究成果转化为具有市场竞争力的高新技术产品和服务。此外，研究机构还需要积极推广科技成果，加强技术转移转化工作，促进科研成果的产业化和社会化应用。

三、人才培养与教育传播

研究机构在人才培养和知识传播方面也发挥着重要作用。通过培养高素质的专业人才，为电力、算力与余热回收融合发展提供人才保障。同时，研究机构还需要通过学术交流、科普活动等方式，向社会普及相关知识，提高公众对这一领域的认知和理解。

四、国际合作与交流

研究机构在国际合作与交流中发挥着桥梁和纽带的作用。通过参与国际合作项目、举办国际学术会议等方式，与其他国家和地区的科研机构进行交流与合作，共同推动电力、算力与余热回收融合发展的研究进程。同时，研究机构还可以引进国外先进技术和管理经验，提升自身的研究水平和创新能力。

第八章　结论与展望

电力 + 算力 + 余热 +AI 应用的深入推进，算力革命成为了这一进程的核心驱动力。算力革命不仅仅是算力和数据的大爆炸，更是电力、算力、余热与 AI 应用的深度融合。这一融合模式为人类生产和生活带来了前所未有的变革和影响，预示着一个全新的智能化、绿色化和可持续化的时代的到来。

首先，电力、算力与余热回收的融合发展是实现能源转型和可持续发展的重要途径。面对全球气候变化的严峻挑战和能源需求的不断增长，传统的能源供应方式已经难以满足可持续发展的要求。而电力、算力与余热回收的融合模式，通过利用可再生能源、提高能源利用效率、降低能耗等方式，为解决能源问题提供了有效的解决方案。这种融合模式不仅有助于实现能源的可持续发展，也有利于推动经济的绿色转型和升级。

其次，电力、算力与余热回收的融合发展是推动数字经济发展的重要动力。算力作为数字经济的基础设施，为各种应用提供了强大的计算能力和数据处理能力。而电力和余热的利用，则为算力提供了稳定、高效的能源保障。

这种融合模式促进了数字经济的快速发展，为各行各业提供了更多的数字化解决方案，推动了产业升级和创新。同时，AI 应用的加入，使得这一模式更加智能化，为各种应用提供了更加精准、高效的服务。

此外，电力、算力与余热回收的融合发展也是推动技术创新的重要平台。这一模式涉及多个领域的技术创新，如新能源技术、AI 技术、大数据技术等。这些技术的交叉融合和创新，将不断催生新的技术突破和应用，推动科技进步和社会发展。同时，这种融合模式也为人才培养和知识传播提供了更加广阔的舞台和发展空间。

然而，尽管电力、算力与余热回收的融合发展具有巨大的潜力和价值，但其实现仍面临诸多挑战和问题。例如，技术瓶颈、资金投入、市场接受度等都是需要解决的问题。为了解决这些问题，需要政府、企业与研究机构加强合作与交流，共同推动这一模式的顺利实施和发展。

政府需要制定更加优惠的政策并加大资金支持，完善法律法规体系，加强市场监管，提高公共服务水平。同时，政府还需要加强与国际社会的合作与交流，共同探索解决全球性问题的方案和路径。

企业则需要加强技术创新和研发投入，拓展应用领域和市场，提高产品质量和服务水平。同时，企业还需要积极参与国际竞争与合作，推动自身发展和进步。

研究机构则需要加强基础研究和理论创新，培养更多高素质人才，促进科技成果转化和应用。同时，研究机构还需要加强与政府和企业界的合作与交流，共同推动科技创新和社会发展。

未来，随着技术的不断进步和社会需求的不断升级，电力、算力与余热回收的融合发展将迎来更加广阔的前景和机遇。我们相信，在政府、企业与研究机构的共同努力下，这一模式将不断取得新的突破和创新，为人类生产和生活带来更多绿色、智能、可持续的能源利用方式和效益。同时，我们也应该认识到这一模式发展面临的挑战和问题，应积极探索解决方案和创新路径，为构建美好的未来贡献力量。